光るサンバイザー

p.62

最強

オリエンタルワークコーデは光り物系ヘッドアクセがイケてすぎ☆

ギラ派手ピアスはさらに
LED 盛ってく時代！

イルミネーションLEDデコピアス

p.48

ツケマ、カラコン、はんだごてが令和ギャルの３種の神器☆

カセットテープって
かわいいじゃん☆
光らせたらアゲの極み
全世界決定戦だった

光るカセットテープ。

p.74

距離センサー付き
ポーチで
さりげにテクノロジー派
アピってこ!

ソーシャルディスタンシングボディバッグ

p.82

イケてるギャルは
LEDだって操れちゃう
アゲもチルも自由自在いえあ☆

光の色を調節できるつまみポーチ

p.103

イルミネーションLEDデコバッジ

p.52

デコトラみたいに光らせたらめっちゃおなかすいてきたー☆

だってお寿司が好きだから!

ギャル電とつくる！
バイブステンアゲ
サイバーパンク
光り物電子工作

ギャル電 著

Ohmsha

はじめに

　今のギャルは電子工作する時代!

　この本では「電子工作のことはわからないけど、楽しそうだからとりあえずなんか作ってみたい!」って思ったみんなに超テンアゲ↑なギャル電流の電子工作を紹介してくよ。「超初心者でどこから準備したらいいのか全然わからない」「入門書買ってやってみたことあるけど、基本のお手本を作ったあとに迷子になっちゃった」「どうしたら自分の好きなものが作れるようになるのかわからない」って人、大歓迎!

　ギャル電も最初は材料の買い方も、道具の名前も、好きなギャルカルチャーと電子工作を組み合わせる方法も全然わからなかったから、気持ち超わかりみ。だから、うちらは、クラブやストリートで今すぐ使えるかっこいい電子工作の作例や作り方をインターネットで検索して、コピペでとりあえず超作りまくった。いっぱい作って、失敗したり壊れたり修理したりしてくうちに、自分の作るものに必要な技術とか情報の集め方がだんだんわかってきた感じ。

　そもそもギャル向けの電子工作アイテムの正解なんてないから、作りながら考えてくしかない。ギャル電流の電子工作的にはしっかり基本を覚えてから作る、っていうよりも、とりま作りながら覚えてくスタイルが合ってた。

　まずは1個、自分でちゃんと動くものを作れたら、同じ仕組みでデコ部分を変えて何回も作ってみる! おそろで作って友達にプレゼントしてみるのも楽しいよ。

　慣れるまでは1個作るのもやっとだし、最初は成功しないかもしれない。でも、何回も作るうちにだんだん電子工作テクがわかってきてテクノロジーが自分のツールにちゃんとなってく。

　読者のみんなが、自分の好きなファッションアイテムやアクセとテクノロジーを自由に組み合わせて、電子工作でテンアゲ↑になってくれるといいなって思ってる。

　さっそく、今すぐ使える電子工作を始めてこ!

2021 年 7 月　ギャル電

※この本の第 3 章、第 4 章で使ってる Arduino のプログラムは、↓↓の書籍サポートサイトからダウンロードできるよ。「ダウンロード」タブの zip ファイルを解凍して使ってね!

書籍サポート https://www.ohmsha.co.jp/book/9784274227516/

ギャル電とつくる！
バイブステンアゲサイバーパンク
光り物電子工作

まお　ぎょうこ

＊ 口絵写真、本文写真（第1章〜第4章）：川島彩水

第1章

感電上等！
ギャル電流テンアゲ
電子工作の始め方

まおときょうこの電子工作で使ういつもの材料や工具、入手方法や使い方をジャンルごとに紹介してくよ！

1 何を買っていいのか わからない君へ！

ギャル電のお気に入り材料を紹介するよ！

まお

ギャル×電子工作といったら、電子部品だけでは終わらない！デコって盛ってアゲアゲ↑↑でしょ☆☆☆ LED といい感じで反射する素材を組み合わせたり、お気に入りなデコパーツを貼ってみたりして MIX & MATCH！ イカした電子工作作ってみよ！

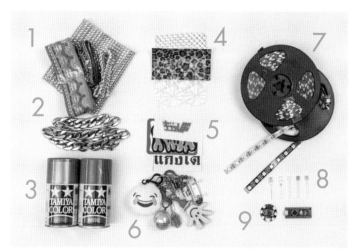

5. ステッカー

ストリートでステッカーを交換して、ゲットしたものを電子工作に貼ってる！

6. チャーム

チャームを足すだけで、コギャルのガラケーっぽくなっていい感じに盛れる☆

7. テープ LED

NeoPixel WS2812B

型番が WS2812B のものは、マイコンボードで光り方を調節しやすい！ ギャル電がよく使ってるのは非防水の 1m に 60 個 LED が付いてるタイプ。

8. 砲弾型 LED

砲弾型自己点滅 LED（RGB）
角型 LED

特に気に入ってる 2 つ！ 自己点滅 LED は IC が入ってて、電源につなぐだけで七色に光ってくれる♡ 角型 LED は、平らな素材（アクリル板など）を光らせるときに使いやすいよ！

1. 装飾テープ

ビーズとかスワロとかキラキラが付いてるものをテープ LED と一緒に貼って使ってるよ！ キラキラの部分に LED が反射して、さらにピカピカになって鬼盛れるからマジオススメ！

2. プラチェーン

電子工作したものを首から下げて光るネックレスにしたいとき、よく使ってるよ！ ギャル電で好きな言葉や文字を光る看板みたいにして、ネックレス（▷ p.114）にしたりしてる！ チャームと同じくアクセとしても使ってるよ。

3. カラースプレー

タミヤカラー・スプレー

デコる素材の色を変えたいときは、カラースプレーで色チェンジしてる！

4. 生地

キラキラビニール生地、
ホログラム・ヒョウ柄合皮生地

キラキラビニール生地は、テープ LED の上に乗せるように置くと、光をめっちゃキラキラに拡散してくれて超かわいくて最高♡ ホログラム合皮生地は、生地の上から LED を貼ると、ホログラムに LED が反射していい感じ！ 柄モノの合皮生地はデコるとき雰囲気を出すのに活躍するよ！ 推しは、やっぱピンクのヒョウ柄っしょ！☆

9. マイコンボード

Arduino Nano 互換機（右）
Adafruit GEMMA（左）

どちらも小型で、ギャル電の電子工作アクセにはもってこいな大きさ！ Adafruit GEMMA はウェアラブル向けで、導電糸でも配線できるよ！ リチウムイオン電池専用コネクタもあって、電源を目立たないように配置しやすいからオススメ！

きょうこ

盛りたいときは、電子工作の材料だけにこだわってたら始まらない！ プラモデルでも手芸用品でも接着剤で貼り付けられたらなんでもオッケー！ルール無用！！ LED の種類によって相性のいいパーツが違ってくるから、みんなもオススメパーツを参考にいろいろコーデを試してみてね！

1. シール

デコ用。同じ材料でもシールでデコると作品の雰囲気が変わって楽しい！鏡みたいに反射するミラーシールや、キラキラシール、ジュエルみたいなデコシールが LED の光と相性がいいよ。

2. LEDリフレクター、レンズ

砲弾型 LED と合わせると、さらに光が盛れるアイテム。LED の光をレンズで拡散したり、銀色の反射パーツで光をさらに強調したりできるよ。

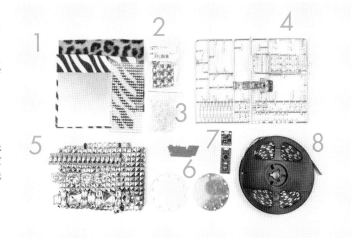

3. 砲弾型 LED

RGB イルミネーション フルカラー LED

電池をつなぐだけで光るシンプルな LED。レンズの部分の形や色、大きさも種類がたくさんあって、お店でチェックするのが楽しいパーツ。ディスコライトみたいに光る自己点滅 LED が特にお気に入り！

4. プラモのパーツ

車やメカっぽい雰囲気をデコで足したいときによく使うよ。特に銀メッキパーツは LED との相性バツグン！

普通は捨てちゃうプラモデルのランナー（部品がくっついてる枠）も、デコパーツとして結構使える！

5. 手芸用のデコパーツ

普通の電子工作ではあんまり登場しないけど、ギャル電的には衣装に付けるスタッズやプラスチックのデコパーツも要チェック。白いファーテープは LED の上にデコると光が拡散してめっちゃかわいいよ。

6. アクリル板、プラ板

配線をコンパクトにまとめたいときや、箱みたいな立体的なパーツを作りたいときに使うよ。

ちょっと気合い入れてきれいめに作りたいときは、アクリル板！アクリル板はレーザーカッターや専用の道具を使わないとカットできない。気軽に作りたいときは、ハサミやカッターで切れるプラ板が使いやすい！

7. マイコンボード

Digispark 互換機（上） Arduino Nano 互換機（下）

Arduino Nano 互換機は初期設定が少し面倒だけど、一回使い方を覚えたら汎用的で使いやすい。初めて試す部品や機能のテストにもよく使ってる！

Digispark 互換機は親指の先くらいの超小型タイプ。マイコンボードを貼り付けるスペースがあんまりないときや、機能がシンプルでプログラムが短かな作品に使ってるよ。USB ケーブルなしで直接 USB ポートに挿せるから超便利！

8. テープ LED

NeoPixel WS2812B

とりま、LED をマイコンボードで制御してモバイルバッテリーでいい感じに光らせるなら、型番が「WS2812B」とあるのを買っとけば間違いない。

防水性、シリコンカバーの有無、テープの色（黒／白）、1 m の中に何個 LED が付いてるか、などの選択肢から用途に合わせて選んでるよ。

あと、WS2812B はテープ型以外にもリング型やバー型、砲弾型やチップ型もあるから、作るものによって使い分けてみるのも楽しいかも。

材料はどう選ぶ？

まお

電子部品を買うときには、どんな部品を買うか、型番は何か、あらかじめきちんと下調べしてから部品を買いに行くことをオススメするよ！

うち的には、もしそんなに急ぎじゃないなら、家でじっくり検討したいしネット通販で買うかなぁ。急いで部品が欲しい場合は、秋葉原の電気街や電子部品ショップに行くのがGood！

⭐ 初めての電子工作の場合

作りたいものが決まったら、作り方や材料の説明をもとに、全く同じものを買うのがオススメ！ ちょっと違うものを使うだけで、LEDが光らなくなるなんてこともあるから、作り方どおりのものを買ってみよう。他人と同じじゃつまらないと思うかもしれないけど、まずはちゃんと動くものを作れるようになるのも大事！

「アクセサリーで電子工作デビューしない？ ▶
暗闇で光るフープイヤリングを作ってみた」
株式会社LIG https://liginc.co.jp/

必要なもの

材料（ピアス片方分）

1. NeoPixel ring 20LED
2. FLORA（Adafruit）
3. リチウムイオンポリマー電池110mAhと充電器
4. スズメッキ
5. フックアップワイヤー
6. ピアスのフック（東急ハンズなどで購入可能）
7. 両面テープ

⭐ 電子工作に慣れてきたら

だんだん電子工作に慣れてきたら、既存の作り方に少しアレンジを加えてみるのもいいね！

例えば、マイコンボードやセンサーなど、既存の作り方にある材料と違うものを使ってみたいという場合は、インターネットで検索してみて、作例や情報がたくさんあるものを使うと、困ったときに解決しやすいよ。次のポイントに気を付けて、いろいろ好きなものを選んでみてね！

● マイコンボードの電源電圧

マイコンボード（詳しくはp.60へ）ごとに出力できる電源電圧の違いがあって「5Vだけ使えるもの」「3.3Vだけ使えるもの」「5Vと3.3Vの両方が使えるもの」といった種類がある。マイコンボードに接続するものによって必要な電圧が決まってて、例えばこの本で使うテープLED（WS2812B）は5Vの電源が必要だから、5Vの電圧が出力できるマイコンボードを使ってるよ。

● マイコンボードのピンの機能や配置

　マイコンボードには「ピン」と呼ばれる足のようなものが付いてる。電源ピンやマイコンを制御するピン、電気信号を入力／出力するピンなどの種類があるよ。ピンの機能や配置はボードによって違うから要注意！

　既存の作り方と違うタイプのマイコンボードで作る場合は、必要な機能のピンがあるか調べておく必要がある。あと、どれが対応してるピンなのか事前に配置を調べておくと、実際に組み立てるとき作業しやすい！

　マイコンボードの販売ページにピン配置が載ってるものもあるけど、意外と載ってないものも多い。だからうちらは、確認しやすいように「ボードの製品名 + ピン配置」で検索して、検索結果をスクショして保存してるよ！

　まあ、ギャル電がよく使ってるテープLED（WS2812B）を光らせるだけなら、「デジタル出力ピン」「5Vの電源出力ピン」「GNDピン」が1個ずつあればだいたいオッケー。

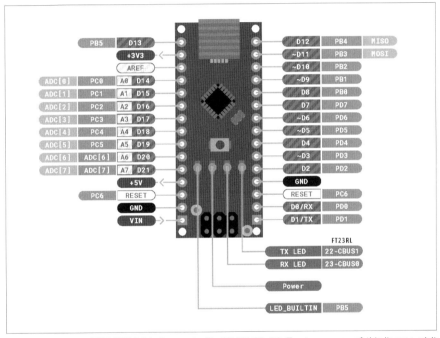

"Arduino Nano" by ARDUINO.CC is licensed with CC BY-SA 4.0. To view a copy of this license, visit
https://creativecommons.org/licenses/by-sa/4.0/

きょうこ

　マイコンボードをはじめ電子部品は超いっぱい種類があって、ハマると沼……。最初は作り方と同じものを買ってみて、少しずつアレンジしたりしてハマってくれるとうれしい！　かわいい部品もいっぱいあって、いろいろ見比べるだけでも楽しいよ！

材料を買ってみよう！

まお

> いざ、電子部品を買ってみよう！ 電気といえば秋葉原なイメージがなんとなくあると思うけど、どんなお店があるんだろう？ 実際にギャル電もよく使ってるお店を紹介してくね！

✦ 電子部品を買う

お店の名前のあとに付いてる リアル は実店舗、ネット はインターネットショップのこと。実店舗は秋葉原にあることが多くて、秋葉原に行って店頭をチェックして回るのも楽しいよ！

急ぎで買いたいときや実物を見て決めたいときは、実店舗がオススメ。実際に店頭で興味を持った電子部品があれば、部品の名前や型番で検索して、作例を探してみるのも面白い！ ただ、電子部品は小さいものが多いし、似たような見た目で性能が違うってこともあるから、特定の部品を店頭で探すのは結構大変。

買いたい部品が決まってる場合は、インターネットを使ったほうがスムーズに買えるよ。インターネットで買うときに押さえておくべきポイントは、送料と配送期間！「値段は安いけど、届くまで1か月……」なんてこともあるから、急ぎのときは気を付けて！

● 秋月電子通商 リアル ネット

東京・秋葉原と埼玉・八潮に店舗がある。一般的な電子部品なら、だいたいここでそろえられるよ！

● aitendo リアル ネット

中国からの輸入品が多くて、あんまり見たことない部品に出会えるのが楽しい。値段が安いものが多いよ！ 電子工作キットもいろいろな種類がそろってるから、初心者にもオススメ。

● 千石電商 リアル ネット

秋葉原と大阪・日本橋に店舗があるよ。秋葉原のお店は、マイコン系、オーディオ系など、ジャンルごとにフロアが分かれてるのが面白い！ 値段はそこまで安くはないけど、いろいろなジャンルの部品が一度に見られるから、うちは結構頻繁に使ってる。

● マルツ リアル ネット

秋葉原、大阪・日本橋をはじめ、全国10か所に店舗があるよ。地方で電子部品を探すときには、よくお世話になった！ 工具や電子工作キットも幅広く扱ってて、品ぞろえが豊富。

● akiba LED ピカリ館 リアル ネット

秋葉原に店舗がある、LED の専門店。いろんな色や種類の LED があって、ギャル電がよく使うテープ LED や砲弾型 LED も売ってるよ！ 電子工作用から車のデコレーション用、普通の照明用も売ってるから、買うときに迷ったら店員さんに聞いてみてね！ 電子工作用のテープ LED は「NeoPixel」「WS2812B」などの商品名や型番で選ぶといいよ！

● AliExpress ネット

中国のアリババグループが運営してる通販サイト。日本で買う場合の3分の1くらいの値段で買えるから、安い部品のまとめ買いとか、ちょっと変わった初心者用の電子工作キットをよくチェックしてるよ。電子部品だけでなく、デコパーツやギャルっぽい派手な服まで買えて、見るだけでも楽しい！商品到着までに2週間〜1か月くらいかかるので、急ぎの場合は要注意。

● スイッチサイエンス ネット

マイコンボードや電子工作キット、センサーなど、最新のものや流行りのものを取りそろえてるよ！個人で作ってる商品の委託販売もしてて、個性的な部品やキットに出会えるのが特徴。

● Amazon ネット

工具や電子部品が安く手に入るし、届くのも早いから、普通にめっちゃ使ってるかな。レビューも詳しく書かれてるものが多くて、工具の使い勝手とか結構参考にしてる。

★ 電子部品以外を買う

ギャル電流電子工作でベースとして使うバッグやアクセサリー、デコパーツなんかが買える場所を紹介するよ。

● プチプラ衣類・アクセなど雑貨

（WEGO ／ SPINNS ／ THANK YOU MART ／サン宝石／ Flying Tiger Copenhagen など）

サコッシュとかポーチとか、旬な派手カワギャルいアイテムが安く買えるよ。LEDや電子部品と組み合わせるアイテムを探すときによくチェックしてる！

電子工作用に買いものするときは、バッテリーや電池を貼り付けたり、収納できるスペースがあるか、脳内でシミュレーションしつつ買うと失敗が少ないよ。

● 渋谷 109

ギャルブランドの流行りのアイテムをディグりに行く。流行りのスタイルをもとに、何を作るかイメージを膨らませるのもGood！定期的に行ってギャルソウルをインストール☆

● 東急ハンズ／ホームセンター

本格的なDIYグッズが欲しいときに頼れるお店。LEDハーネス（▷ p.111）を作るために使った太めのゴムやベルト、アクリル板、ネジとか金具とかそういうやつ。

● オカダヤ

生地、毛糸など手芸用品の専門店。うちは主にデコパーツを探しに行ってるよ。

よくチェックしてるのが、衣装装飾用のパーツコーナー。キラキラしたものが多いから、見てるだけで超モチベ上がる！ファーテープとかスタッズは、アイテムにちょい足しするだけで超かっこよくなるから、ぜひ試してみて！特にオススメなのは、スタッズ付きの装飾テープ。サイバーパンクかつギャルいデコが簡単にできちゃうよ！

● ダイソー

言わずと知れた100円均一ショップ、うち的マジ神ストアのダイソー。本当に何でもダイソーで買ってる気がする。電池とか接着剤みたいな消耗品から、配線の収納ケースや工具、デコパーツまで、何でもそろうし、めちゃ安い！テスト的に使えて壊れちゃったとしてもおサイフに優しいから、材料のハンティング場所としてはマジでオールマイティに強い。

2 おきにの**ツール**を見つけよう

♡ はんだ系

まお

はんだ付け（▷p.28）で使う工具や消耗品を紹介するよ！ はんだごてなど、最近は安いものも多いから、初めはお試し感覚で使ってみるのもアリ。でも本格的に始めるなら、ちょっと高くても便利な機能が付いてるものがオススメ。あとは、カワイイ色のものを探すとか、自分で工具をデコっちゃうのもモチベーション上がっていいと思う！

1. はんだごて

白光 FX-600A

はんだごての中の基板が見えるクリア色が超かわいい☆ 温度調節機能付きで、設定した温度になると LED がチカチカ光って教えてくれるのがすごく便利！

2. はんだ吸取器

エンジニア ハンダ吸取器 SS-02

手動式のはんだ吸取器。ポンプ構造で、はんだを温めてから一気に吸い取って使うよ。強力だけど、吸い取りづらいところもあるから、はんだ吸取線と一緒に使うとヨシ！

3. はんだ吸取線

goot はんだ吸取線 CP-3015
幅 2.0mm

はんだ吸取線はいくつか幅のバリエーションがあるけど、一般的に多く使われてるのは 1.5 ～ 2.5mm あたりかなぁ？ でも、うちの推しは 2.0mm！ 細かいところも吸い取りやすくて使いやすいよ♡

4. はんだ

goot SD-62 精密プリント基板用、goot SD-63 電子工作用

5. はんだごて台

白光 633-01
（ペンシルタイプ用）

重さがあって、はんだごての出し入れや、こてクリーナーを使うときも安定感ばっちり！ そして金色ドーム型のこてクリーナーがかっこいくて好き☆

こて先をたわしの中にツンツンと入れると汚れが簡単に取れるタイプのクリーナーは、スポンジタイプに比べてこて先の温度が下がりにくいのがお気に入り☆

goot のはんだはパッケージが鉛筆の形だから持ちやすい！ はんだの用途別の使い分けは必須ではないけど、精密プリント基板用ははんだが細いから、うちはマイコンボードとかに使ってる！ 電子工作用ははんだがちょい太だから、配線とかにはんだ付けするとき使ってるよ！

きょうこ

きょうこのはんだ付け用の基本工具はこんな感じ！　消耗品は手に入りやすくて、プチプラなものがオススメだよ。外出先でもはんだ付けすることが多いから、家用と持ち運び用の2パターンの工具を使い分けてる。

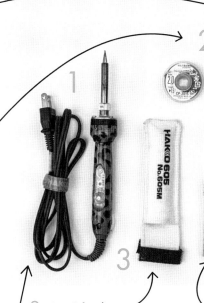

5. はんだごて台

白光 FH300-81（ペンシルタイプ用）、白光 602（汎用）

はんだごてを置く台。
家で使うときは、ペンシルタイプ用のFH300-81（上）、外に持ち出して使うときは折り畳みタイプの602（下）を使ってる。

2. はんだ吸取線

goot CP-1515 幅 2.0mm
goot CP-1515 幅 1.5mm

失敗したはんだ付けのはんだを吸い取らせて修正するための線。
細かいところを修正するときには1.5mm、はんだがいっぱい付いてるところは2.0mmが使いやすい。吸取器も使ってみたことあるんだけど、わたしは吸取線派。

3. こてカバー

白光 605M

はんだごてのこて先にかぶせるためのカバー。
外出先で修理するためにはんだごてを持ち歩くことが多いギャル電の必需品！　使ったあとにこて先がまだ熱くても、カバーをすればソッコーバッグにしまえてめっちゃ便利。こて先がとがってるから、ポーチとかに収納してると穴が開いちゃうこともあるし、そういう意味でもカバーはしといたほうがいい。

1. はんだごて

白光 FX-600

はんだ付けに使うこて。
温度調節機能が付いてて、超使いやすい。電子工作始めたばかりのころ、1000円くらいの温度調節機能がないはんだごて使ってて、はんだ付けが苦手だったんだけど、FX-600に変えたら急にはんだ付けが得意になったくらい違いがある。使いやすすぎて他の人とアイテムかぶりすることが多いから、自分のがすぐわかるように車用のヒョウ柄フィルム貼ってギャルカスタムしてるよ。

4. はんだ

goot SD-62 精密プリント基板用
goot SD-63 電子工作用

はんだごてで溶かして使う、はんだでできた線。
あんまりこだわりはないんだけど、gootのやつは手に入りやすくて、サイズ感がちょうどいい。あと、ヤニ入りはんだのほうがはんだ付けしやすいってのはあるかな。はんだが溶けたときの煙はあんまり健康によくないから吸わないように気を付けてる。太さはバリエーションがあるけど、細かい作業が多いときは細めのはんだを使うとやりやすいよ。

工具系

まお

電子工作を始めたばかりのときは、ニッパー、ワイヤーストリッパーは100均やホームセンターなどでいちばん安いものを買って使ってたんだけど、切れ味がイマイチだから、作業するとき結構大変だった！
ニッパーとかワイヤーストリッパーには初期投資して、ある程度いいやつを買うと作業が断然楽になる！簡単にきれいに切れると超気持ちいいよ！

2. ピンバイス

プラ板やアクリル板などに穴を開けるときに使う。簡単に穴を開けられるので、すごく便利！

3. ドライバー

100均で買ったもの

5. ニッパー

タミヤ 74035

プラモデル用の薄刃ニッパー。いろんなプラスチックの材料を切るとき、切れ味がよくて感動した！ 特にプラモデルの出っ張りや枠を切るときは、超きれいに切れる！

1. ワイヤーストリッパー

VESSEL No.3500E-2

0.25 ～ 1.0mm の電線に対応してて、かなり細めの電線でもきれいにむけるから愛用してるよ！

4. ニッパー

Kingsdun 精密薄刃ニッパー
小型軽量タイプ

回路やプラモデルなど、繊細な作業向きの小型軽量ニッパー。結構軽い感じで、力を入れなくても簡単にきれいに切れるのがお気に入り！

デコれるものなら何でも使うギャル電スタイルの工作では、素材や目的によって工具をチェンジするのがポイント。工具をそろえるとか使い分けるのはめんどくさいけど、目的と工具がマッチしてるとやっぱり使いやすいし、作業がめっちゃはかどるよ！

きょうこ

1. ピンバイス

プラ板やアクリル板に、ネジとか砲弾型 LED を通す穴を開けるためによく使ってるよ。一本あると「ここに穴が開いてたらいいのにな」って場所にすぐ穴が開けられるので便利。使ってるうちに後ろのパーツが取れてなくなりがちだから、うちはガムテープ巻いて使ってる。

2. ワイヤーストリッパー

VESSEL No.3500E-1

電線の先端をむくための道具。こだわりがあって買ったわけじゃないけど、よく使う電線の太さに対応してて使いやすいし、値段もお手頃。ワイヤーストリッパーのサイズがちょうどよくて、手が小さめの人でも使いやすいと思う。

3. ハサミ

タミヤ 74124 クラフトバサミ（プラスチック／軟金属用）

4. ハサミ

100 均で買った普通のハサミ

5. ハサミ

美鈴 No.888 フッ素コーティング洋裁ハサミ 215mm

工作にかかせないハサミは、切る材料によって種類を使い分けてる。布や糸でできてるパーツを切るときは洋裁用ハサミ、プラ板やプラパーツを切るときはタミヤのクラフトバサミ、紙とかテープを切るときは普通のハサミ。ハサミや刃物系は用途に合ってると最強だけど、合ってない材料を切ると刃がダメージ受けて切れ味が落ちちゃうから超注意。

ブレッドボード・配線系

まお

ブレッドボードは電子回路の試作・実験ができる基板のことで、電線や電子部品をつなぐ穴が規則的に並んでるよ。はんだ付けが必要なユニバーサル基板と、はんだ付け不要で差込式のブレッドボードがある！詳しい使い方は2章（▷p.24）でも紹介してるよ！

1. ブレッドボード用配線ケーブル

Emith デュポンケーブル ブレッドボード・ジャンパーワイヤー

5. コネクタ付き電線

BTF-LIGHTING 3ピン SM JSTコネクタ

電線が3本くっついてるオス・メスのコネクタ付き電線は、テープLED（WS2812B）を使うときにとても便利なアイテム！ギャル電がよく使うテープLEDは、配線する部分が3か所横並びになってて、3本くっついてるタイプの電線なら、はんだ付けが簡単。さらにコネクタも付いてるから、故障したときの取り外しや交換がとても便利！ギャル電の電子工作ではテープLEDをよく使うから、持っておいて損はないかな！

6. 配線用の電線

耐熱電子ワイヤー 外径1.22mm（UL3265 AWG24）

配線するときに使うよ！うち的に、電線の色がカラフルで気に入ってる。回路の中での役割ごとに電線の色を決めておいて、配線するときに各色に割り当てて配線してるよ！

2. ユニバーサル基板

a bit better circuit ブレッドボード ユニバーサル基板

ブレッドボードで試作した回路をそのままはんだ付けして実装できる基板！ブレッドボードではうまく行ったのに、ユニバーサル基板で組み立てたら回路がうまく動かないってことがあったんだけど、これを使えばブレッドボードと同じように組み立てて、はんだ付けすれば簡単に実装できる♡

3. ユニバーサル基板

片面丸型ユニバーサル基板 32mm

ユニバーサル基板は四角のものが多いんだけど、丸型ユニバーサル基板は配線してアクセサリーとかにしてもかわいいから超気に入ってる！

4. ブレッドボード

スイッチサイエンス 小さいブレッドボード

小さくてカラフルでかわいいからよく使ってる！これに配線すると、カラフルだから回路がデコの一部みたいになってかわいい♡

7. ブレッドボード用配線ケーブル

uxcell ブレッドボード・ジャンパーワイヤー

ジャンパーワイヤーは、電気回路間をつなぐ電線のことだよ！ブレッドボードで回路を組むときに使う☆
uxcellのジャンパーワイヤーは、ブレッドボードにぴったりハマってきれいに配線できるから、お気に入り！

思い付いたアイデアをいきなり作るのはハードル高い。特に初めてのパーツを使うときは、仮に組み立ててみて、イケそうかどうかを試してから作ることが多いよ。よく使うサイズの電池ケースや電線、配線補強用の収縮チューブはいっぱいあっても困らないから、多めに買ってストックしてる。

きょうこ

1. 電池ケース

ボタン電池基板取付用ホルダー CR2032 用（小型タイプ）(4)

Arduino や LED 用の電源としては、9V 電池やコイン電池をよく使うよ。

9V 電池のケースは、スナップから電線が伸びてるだけのタイプ（電池スナップ (3)）、カバーとスイッチが付いてる箱状のタイプ (1)、カバーがないタイプ (2) を使い分けてる。

コイン電池は、使う電池のサイズに合ったものを買うこと！ ギャル電は CR2032 型をよく使うから、専用のケースを買ってる。最近スイッチ付きのやつを見つけて、便利すぎて超テンション上がった↑↑↑

2. コネクタ付き電線

電線 3 本がセットになってて、コネクタで接続できるようになってる電線。テープ LED にも使いやすい。

マイコンボードが壊れたときや、マイコンボードに書き込んだプログラムを入れ替えたいとき、コネクタ付き電線だと簡単に取り外しができて便利だよ。

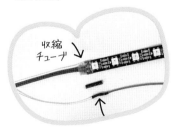

収縮
チューブ

1 (1)
(2)
(3)
(4)

2

3

4

5

6

3. スズメッキ線

複数の粒 LED の配線を一気につなぎたいときとか、配線がたくさん必要で、ビニール素材の電線だと両側をむくのが面倒ってときに使う。

太さは 0.8mm のものが曲げたりしやすくて気に入ってる。

6. 収縮チューブ

むき出しの配線を保護するためのツール。保護したい部分にチューブをかぶせ、熱を加えて収縮させると、ぴたっとフィットする。魔法みたいに縮むから、超面白い！

電線どうしやテープ LED とのつなぎ目など、金属がむき出しになってる部分に使うよ！

4. ブレッドボード

SparkFun 透明なブレッドボード PRT-09567

5. ブレッドボード

スイッチサイエンス 小さいブレッドボード

ジャンパーワイヤーと組み合わせて、配線を抜き挿しして電子回路を組むためのボード。

わたしは、初めて使う部品をテストするときによく使ってるよ。大きいサイズのブレッドボードもあるけど、普段そんなに複雑な回路は組まないから、小さめ〜普通のサイズで見た目がかわいいやつが好き。

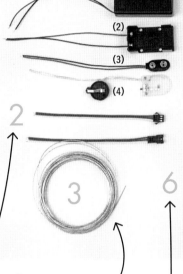

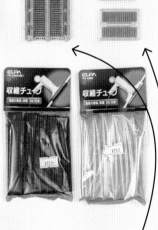

その他のツール

まお

電子工作で作ったものを身につけて遊びに行くと、壊れちゃうのはよくあること。そんなとき、いつでもどこでも修理したり、作りなおしたりするために、お出かけ用工具ポーチは超マスト☆ 普段からお気に入りなテープや接着剤をポーチに入れておけばオールオッケー！

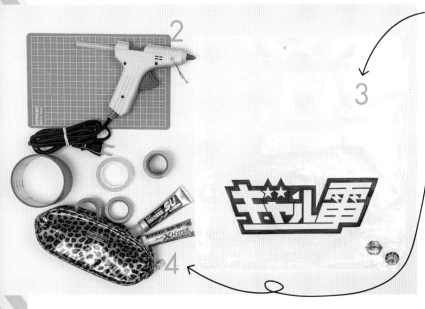

3. 工具バッグ

ギャル電ロゴがプリントされてる PVC 素材の工具バッグを使ってるよ！ PVC 素材だから、入ってる工具が見えてかっこいくない？☆

中身はだいたい、はんだごて、ホットボンド（2）、工作マット（1）、工具ポーチ（4）が入ってる。

4. 工具ポーチ

ダイソー

ダイソーで買ったペンケースを使ってるよ！

普段は、ワイヤーストリッパー、ハサミ、はんだ、はんだ吸取線、マスキングテープ、持ち運び用のはんだごて台を入れて持ち歩いてるよ！

接着剤類

よく使ってる接着剤類はこんな感じ！

● **ホットボンド（2）　goot HB-45**

ホットボンドマジ万能！神！

◐ **両面テープ　アクリルフォーム 両面テープ**

結構強力にくっつくし、安く買えるからよく使ってる！

● **マスキングテープ　ダイソー**

電子工作の作業中に部品を簡単に固定できるよ！

● **ダクトテープ　ダイソー 多用途補修 ダクトテープ**

● **接着剤　コニシ ウルトラ多用途 S・U クリヤー**

　セメダイン 超多用途接着剤 スーパー X ハイパーワイド

接着剤は素材によって使い分けてるよ！ プラスチックパーツとか布はこのボンドでくっつくけど、素材によっては付きにくいものもある。接着剤は自分がよく使う素材と相性のいいものを持っておくといいよ♡

いつものポーチに入ってると超安心！ 作るときも修理するとき
も強い味方の接着剤やテープのお気に入りはコレ！ 接着剤と
素材とのベストコーデが見つかると、工作や修理がめっちゃ楽
になるよ☆

きょうこ

1. 接着剤

セメダイン スーパー X
ゴールド

2. 接着剤

**コニシ ボンド GP クリヤー
コニシ ボンド G クリヤー**

　接着剤は素材に合わせてコーデ
しないと、思ったようにくっつか
ない。
　ギャル電がよく使う、プラスチッ
クや布、軽めの鉄パーツとかと相
性がいい多用途の接着剤の中でも、
この 2 つは特に頼れる！ いろいろ
な材料に使えて超万能だけど、テー
プ LED のカバーで使われてるシリ
コン素材はくっつかないから、シ
リコン専用の接着剤を使おう。

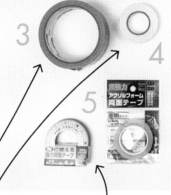

3. ダクトテープ

アサヒペン パワーテープ

4. マスキングテープ

5. 両面テープ

**100 均 強力両面テープ
（厚手・透明）**

　テープも、くっつけたい素材に
よって使い分けてるよ。気に入っ
てるのは 3 〜 5 の 3 種類。
　ダクトテープは強度があって粘
着力が強い。重いもの（モバイル
バッテリーとか）を貼り付けたい
ときとかに活躍するよ。
　100 均の厚手強力両面テープは、
ダクトテープほどではないけど、
9V 電池を平らな場所にくっつけら
れるくらいのパワーはあるから、
電池ケースの応急処置とかに使え
る。
　マスキングテープは、はんだ付
けでパーツを工作マットに固定す
るのにマストのアイテム！

6. 工具バッグ

　わたしが使ってるのは、ギャル
電オリジナルビニールバッグ。
　めっちゃかわいいし、入ってる
ものの中身が見えるから、忘れ物
がないかチェックしやすくて便利。
　普段入れてるのは、はんだごて
＆こてカバー、はんだごて台、は
んだ、はんだ吸収線、ダクトテー
プ（3）、両面テープ（5）結束バ
ンドとワイヤーストリッパー！

3 光らせたい？なら電気が必要！

モバイルバッテリー

　繰り返し充電できるし、容量が大きいもの（10000mAh 以上）も
あるからとっても便利なモバイルバッテリー。ギャル電は、USB 電
源ポートがあるマイコンボードの電源としてよく使ってる。
　モバイルバッテリーが出力してる電圧は 5V だから、5V の入力電源
ポートがあるものならモバイルバッテリーで電源供給できるよ！

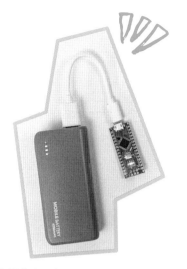

　ただ、電子工作の給電で使うものを買うときは、ちょっと注意が必
要！ 一般的に買えるスマホ用のモバイルバッテリーは、過電流防止機
能が付いてる。スマホが過充電されないように、流れる電気がある程度
（約 70mAh）以下になると自動的に給電を止めてしまう機能だよ。
　電子工作では、小さい電気で動作させるものもあるから、過電流防
止機能付きのモバイルバッテリーだと電気を止められちゃうことがあ
る。そんなときのために、過電流防止機能がないモバイルバッテリーを紹介するね！

🍀 過電流防止機能なし（IoT 用）

　IoT 機器対応で過電流防止機能がないから、使う電気
が微弱でも電源が勝手に切れない。容量は 3200mAh で、
例えば、ギャル電の作品とかで LED10 個分をつないで
点けっぱなしだと、だいたい 4 時間持つ！
　USB で給電できる電子工作なら安心して使えるけど、
容量が少なめだから、長持ちしないところは心配かも。

checro Canvas 3200mAh IoT 機器対応 モバイルバッテリー

🍀 過電流防止機能あり（スマホ用など）

普通のスマホ用の
モバイルバッテリー

　過電流防止機能がある、普通のスマホ用のモバイルバッテ
リー。容量はだいたい 2200 〜 4000mAh あたりが多いかな？
あまり小型のモバイルバッテリーだと容量が少なかったりす
るから、買うときにチェックしてみてね。一般的な容量だと、
LED10 個分点けっぱなしで 4 〜 5 時間くらい持つよ！
　実は、ギャル電の電子工作で使ってるモバイルバッテリー
は、普通のスマホ用。テープ LED は必要な電流が 70mA よ
り全然大きいから、普通のモバイルバッテリーでも問題なく
使える！

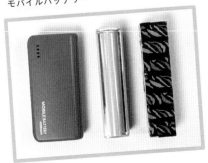

　デザインもかわいいものが多いし♡ 見えるところに固定して使うときは、スティック型や小さめ
で色がかわいいやつを選んで、イケてる柄のテープやシールでデコって使ってる。

電池

電池は形や性能がさまざまだから、用途に合わせていろいろな使い方ができるよ！

電池を使うメリットは、手に入りやすいこと！ モバイルバッテリーみたいに、充電がなくなってもチャージを待つ必要もないから、ビート早めのギャルにはオススメ！

モバイルバッテリーに比べてコストも抑えられるのでいい感じ☆ 自分で作った電子工作アクセサリーを友だちにプレゼントするときにも、電池を使うといいよ！

電池の種類

いわゆる乾電池には、マンガン、リチウム、アルカリなど、いろいろな種類があるけど、電子工作で使うときは、アルカリ電池が特にオススメ！ マンガン電池に比べて電源が安定するよ。

ただし、コイン電池の場合はリチウム電池がオススメ！

使うときのポイント

電子パーツ、マイコンボード、電子工作キットなど、動作させるものによって必要な電圧が違ってくるから、それぞれに合わせて電池を使い分ける必要があるよ。とりあえずは、次の2つのポイントを押さえておけばOK！

1 必要な入力電圧・動作電圧を確認する

電子パーツやマイコンボードなど、それぞれの商品ページやデータシートを確認すると、入力電圧・動作電圧が記載されてるよ。電池を選ぶときは、必要な電圧に合ったものを選ぶべし！

例えば、マイコンボード「Arduino Nano」の場合、入力電圧は7〜12V。つまり、7〜12Vの電圧の電源をつなげば、マイコンボードが動作するということ。

2 入力電源の場所を確認する

動作電圧がわかったら、その電圧に合った電源をつなげる。電子パーツやマイコンボードの＋／−を確認して、それに合わせて電池の＋／−をつなげばOK！

電子パーツやマイコンボードの＋／−は、商品ページに載ってるデータシートで調べることができるよ。例えば、Arduino Nano とか Arduino 系統のマイコンボードの場合は、VIN ピンに電池の＋をつないで、GND ピンに電池の−をつなげればいいってことがわかる！

他によく見るものだと「Vcc」「Vss」とあるのも多いかな。Vcc は電池の＋、Vss は電池の−につなぐと覚えておけば大丈夫！

★ コイン電池

いろいろなタイプがあるけど、うちらがよく使ってるのは CR2032 ってやつ。型番の後ろ2桁が厚み〔mm〕を表してて、他にも CR2030、CR2016 とかがあるけど、よくあるコイン電池ケースの厚みにフィットしないことが多い。

コイン電池は小さいから、アクセサリーやウェアラブルなアイテムを作るときに使いやすいよ。光るピアスを作るとき（▷ p.48）も、重くなりすぎないようにコイン電池で作った！ テープLED に使うほどの容量はないけど、砲弾型 LED 1個なら、50時間くらい持つよ！

コイン電池の配線には、コイン電池ホルダーかコイン電池ケースを使うよ！ コイン電池ホルダーはクリップで電池を固定する形のもので、どちらに＋と－を配線すればいいのか一見わかりづらいかも。でも、実は単純なシステムで、ホルダー自体には＋／－がなくて、コイン電池の＋に触れてるピンが＋のピンになり、同じようにコイン電池の－に触れてるピンが－のピンになる！ コイン電池ケースは、電線の色で赤が＋、黒が－と決まってるから、わかりやすいよ！

★ 9V 電池

他の電池に比べて容量が大きくて、長持ちするわりにコンパクトだから、アクセサリーの電源に向いてる。LED 10 個分点けっぱなしで、だいたい 2 時間くらい動くかな。ギャル電の電子工作では、モバイルバッテリーの次によく使ってるよ！ 100 均の9V アルカリ乾電池が安くてオススメ！

9V 電池は、電池ケース（写真左）や電池スナップ（写真右）を使って配線する。電池ケースは電池をしっかり支えてくれるので、固定が簡単。電池スナップは、付け外しがラクにできるので、サクッと付けたいときにオススメ。電線の色は、どちらも赤が＋、黒が－だよ。

★ 単3・単4 電池

一般的な単 3 電池・単 4 電池。100 均で売ってるものでも十分使えるし安いからオススメだよ。
電池 1 本の電圧は 1.5V で、必要な電圧に合わせて電池の本数を調整して使えるよ！ 例えば 3V なら、3V ＝ 1.5V × 2 本で、同じように 6V なら 4 本、9V なら 6 本、12V なら 8 本を使って作ればいい。容量は、単 3 電池のほうが単 4 電池よりも大きいよ！

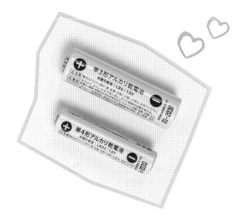

単3電池・単4電池は、よく使われてるだけに、電池ケースのバリエーションもいっぱいある。必要な電圧によって使う電池の個数も変わるから、それに合った電池ケースを選ぼう。6V欲しい場合は電池が4本入るケースを選べばいいし、スイッチが必要ならスイッチ付きのケースを選べばOK！

その他の電源

✦ USB AC アダプター

家庭用のAC電源（コンセント）をUSBで接続できるように変換するもの。USBポートが1つのタイプ（スマホの充電用でよくあるタイプ）、複数ポートがあるタイプなど、さまざまな種類がある。コンセントから電源を取れるから「電池切れ」になることはないけど、作品を動かせる範囲が限られちゃうから、店頭ディスプレイやインテリアなど、基本的に動かさないものを作るときに使う！ マイコンボードもUSBポートにつないで使えるよ！

✦ リチウムイオンポリマー電池

LiPo電池ともいうよ。容量は、40mAh、110mAhなどのかなり小さい容量から、400mAh、600mAh、大きいものでは2000mAhと、モバイルバッテリーとほぼ同じ容量のものまである。全体的に、容量が大きいものでも、他の電池に比べてサイズは小さめ！

電圧出力は3.7Vで、電子部品をつなげるためのコネクタが付いてる。Adafruit社のFLORAやGEMMA、LilyPad Arduinoなど、ウェアラブル向きのマイコンボードの電源として使いやすい。

モバイルバッテリーみたいに、繰り返し充電もできて便利！ 充電には、専用の充電モジュールが必要。

小さくて使いやすい反面、衝撃や過充電で激しく煙が出て、爆発することもあるから要注意！ 使うときには必要最低限の容量にして、保護回路付きのものかチェックしとこう。

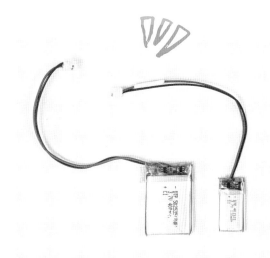

左は400mAh、右は110mAhのリチウムイオンポリマー電池

ちょい待って、
部品とか必要なもの買うのって
超ハードル高くない?

第1章ではうちらが電子工作に使ってるツールやグッズを超全力で紹介したよ。

マジでうちらの便利なもの全部を紹介したから「電子工作ってこんないろんなもの用意しなきゃいけないの?最初からキャパオーバーなんだけど」って思った人もいるかもしれない。

もちろん、最初から全部そろえなくても全然オッケー!

うちらも初めのころは、はんだごても持ってなくてメイカースペース(電子工作ができるレンタルスペース)とかで借りてた。やってるうちによく使う道具は自分で持ってたら便利だなと思うようになって、いつの間にか必要な道具がわかってきたって感じ。

タイムスリップして電子工作始めたころのうちらに教えてあげたいって情報をみっちり書いたら第1章になったっつーわけ。

うちらも最初は、電子部品屋さんに入るのには、マニアックな中古レコード屋さんとか超おしゃれな服屋さんくらい気合いが必要だったし、がんばって買い物してみても抵抗器を間違えて買ってたりして、全然フィーリングで買い物とかできなかった。

買い物すらできないとか、電子工作超向いてないじゃん。ってテン下げ↓になったこともあったけど、電子工作は作りたいものによって必要な部品も変わってくるから、フリーダムに選んで買えるのは超上級者。電子部品買うのが難しいと思っても全然落ち込むことない。そんなの当たり前だから! 必要なのは1000パー慣れ!!!

電子工作の本やインターネットに載ってる作例を何度か作ってるうちに、自分が使いやすいマイコンボードとか、部品の使い方がわかってくるよ。

最初から全部一気にできるようにならなくても全然大丈夫。

この本も最初から順番どおりに読まなくても超オッケー。

興味あるところからとりあえず読んで、とりま作り始めちゃうのもありよりのありだよー!

第2章

テンアゲ電子工作の
キホンのキ

電子工作のやり方の基本的なところを説明してくよ！ 配線図が読めて、はんだ付けができるようになれば、ほぼほぼ無敵！

1 電子工作の土台を知ろう

配線図の超キホン

まお

回路図や実体配線図は、電子工作の設計図のようなもの。だから、電子工作キットや作例を見ると、必ず初めのほうに載ってるよ。それを見ながら回路を作ってくのが、電子工作の超キホン☆ 自分でオリジナルのものを作るときも、まずは実体配線図か回路図を書くことから始まる!

★ 実体配線図

実体配線図は、電子部品をどこに置いて、どう配線するのかを、電子部品のリアルな図を書いて表したものだよ。実際の電子部品の形どおりだから、電子工作に慣れてなくてもわかりやすい! この本の作例でも、実体配線図を使ってるよ!

簡単なものなら、実体配線図の真似をして配線してくだけで、回路を完成できちゃう!

例えば、右の図は電池に抵抗器と LED をつないで、LED を光らせる回路だよ!

電気は電圧が高いところから低いところに向かって流れる。電池の＋から－へ、回路を通って一周してると覚えておけば OK!

右図の回路で、電気の流れをたどってみよう。電池の＋側から抵抗を経由して、LED の＋側（足の長いほう）につながり、LED の－側（足の短いほう）から電池の－側につながって一周してるね!

つまり、この回路の電気の流れは時計回り! 回路では、電気の流れる方向が大事だから最初にチェックしておくといいよ。LED みたいに＋／－が決まってる電子部品だと、逆向きにつないでしまうとちゃんと動かなくなっちゃう!

LED

抵抗

電池

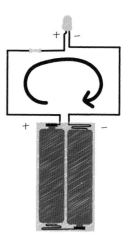

電子部品をそのまま図にしてるから、初心者でもぱっと見でわかりやすいのが実体配線図のいいところ！ でも、回路が複雑になってくると、電線の数も増えるし交差したりするから、実体配線図だとごちゃごちゃして見づらいこともあるよ。そんなときは、回路図で見てみるといいかも！

🍃 回路図

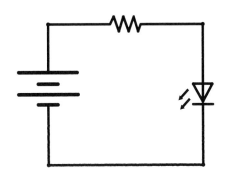

回路図は、電子部品を記号化した図で、回路を表したもの。電子工作を始めたばかりだと、回路図を読めるようになるのは難しい……↘ でも、回路図が読めると、複雑な作品も真似して作れるようになるので、幅が広がって楽しいよ！ 回路図の場合、図中の電子部品の位置と、実際に配線するときの位置が違うってこともあるので要注意。この本では回路図は使わず、実体配線図で説明してるから、そこは安心してね。

実体配線図で紹介したのと同じ、電池に抵抗と LED をつないだ回路を、今度は回路図で見てみよう！

回路図で使う、電子部品を記号化した図（「電気用図記号」と呼ぶ！）を簡単に紹介するね。電池、抵抗器、LED は、それぞれ表の記号を使う！ とりま覚えておくと便利だよ！

電子部品	図記号	内容
電池・電源	—⊢｜—	電池などの電源を表す記号。長い線が＋、短い線が－を表してるよ！
抵抗	—▭— / —／＼／＼—（旧）	電流の流れをじゃまして、電流の大きさを調整するよ！ ギザギザのほうは旧記号だけど、まだ見かけることも多いかな。ギザギザを書くときは、ヤマが同じ大きさになるように上下３回ずつ書く。
LED	—▷|—	発光ダイオードとも呼ばれてて、電流を光に変えてくれるもの。ダイオードの記号ともよく似てるけど、外に向かってる矢印が「光ってる」ことを表してるよ。
スイッチ	—⟋—	電源 ON／OFF を切り替えるために使うよ。スイッチの種類や切り替え方によって、記号の書き方が違うこともある！
コンデンサ	—｜｜—	電気を貯めたり、放出したりする部品だよ！
可変抵抗	—▭— / —／＼／＼—（旧）	抵抗の値を変えられる部品。ギターのエフェクターについてるつまみなんかは、可変抵抗そのものだね！ 図記号は、普通の抵抗の真ん中に、斜め方向に矢印が通ってる！
ダイオード	—▷|—	電流を整えて、一方通行にしてくれるよ！ LED と同じ構造をしてるから、図記号も似てる！
GND	⏚ ⏛	電気回路の中に必ずあるのが「GND」。その回路の基準になる場所のことで、GND の地点が 0V になるように決めることが多いよ！ とりあえずは電池の－側を GND として扱うのが一般的と覚えておいて！

ブレッドボード

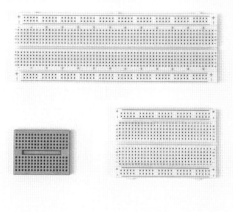

　ブレッドボードは、はんだ付けしなくても電子回路を簡単に組める基板のことだよ！

　ブレッドボードを使うと、はんだ付けする前に回路の動作確認ができるのでマジ便利！　動作確認前にはんだ付けしちゃうと、間違ったときにはんだを取り除いて電子部品を付け替えなきゃいけないのが、結構めんどくさい。その点、ブレッドボードだと簡単に付け替えられるから、積極的に使ってこう！

★ ブレッドボードの仕組み

　ブレッドボードには穴がたくさんあるけど、実は内部で電気的につながってる。基本的には、縦の1列が1本の導線と考えればOK！　＋／－のところは横一列に、それ以外のところは縦列の半分が、ブレッドボードの中で電気的につながってるよ。

ブレッドボード内で電気的につながってる！

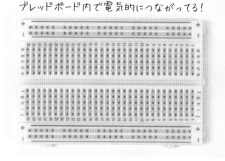

　基本的には、この縦の列に電子部品を挿して回路を作ってくよ！

　大・中サイズのブレッドボード（右写真の白っぽい色の2つのボード）は、上下に2列、横向きに穴が並んでる。これは電源用のもので、電源から配線すると、上の列（列の端っこに「＋」と書いてあるものもある）には＋が、下の列には－が通電されるよ！　同じ列の中だったらどこの穴に挿しても、＋または－になる☆　小サイズのブレッドボードは、どこでも縦の1列を電源に使えばOK！

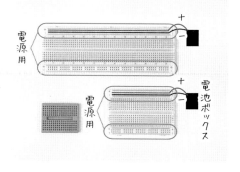

　ブレッドボードに電子部品を挿して、さらにジャンパーワイヤー（ブレッドボード用の電線）を使って配線するよ！

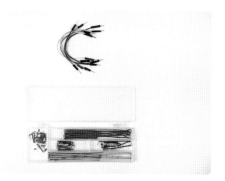

✿ ブレッドボードで回路を組んでみよう

　いきなりはんだ付けするのはこわいから、ブレッドボードで一度試してみたいけど、ブレッドボードでの組み立て例や実体配線図が手に入らない場合も多いよね。そういう場合にどうやって組み立てるかについて説明するよ！

　まずは、配線図の読み方のところ（▷ p.22）で説明した回路（電池に抵抗器と LED をつないだ回路）にスイッチを追加して、スイッチで LED を ON／OFF する回路を組み立ててみよう！

スイッチで LED を ON／OFF する回路

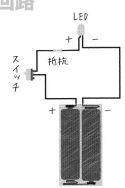

種類や詳しい説明は p.46 へ

材料

- ☆ 砲弾型 LED ［4］ ‒‒‒‒‒‒‒ 1 個
- ☆ 抵抗器（150Ω）［5］ ‒‒‒‒‒‒‒ 1 個
- ☆ スライドスイッチ［3］ ‒‒‒‒‒‒‒ 1 個
- ☆ 単 3 電池［2］ ‒‒‒‒‒‒‒ 2 本
- ☆ 電池ケース（単 3 形・2 本用）［1］
  ‒‒‒‒‒‒‒ 1 個
- ☆ ブレッドボード［6］ ‒‒‒‒‒‒‒ 1 個
- ☆ ジャンパーワイヤー［7］ ‒‒‒‒‒ あれば

Point

今回の回路では、ジャンパーワイヤーはマストではないけど、簡単に付け外しができて回路を組み変えてみたいときに使いやすいよ！

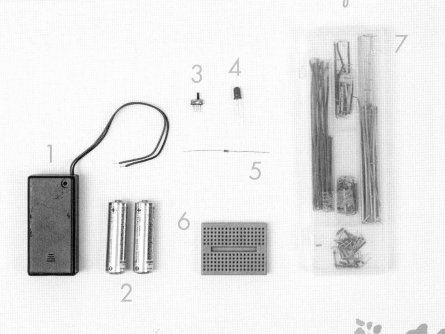

初めは、回路のどこから手を付けていいかわからないと思うけど、どこからでも大丈夫！ とりあえずスタート地点を決めてつなげてけば、ぐるぐる回路をたどって戻ってくるよ！

部品の配置とか、配線をきれいに収めるみたいなノウハウは、やってくうちに身につくから、最初は気にしないで手を動かしてみてね！

今回は LED を配置してくところからスタートしてみる！

Point
LED は、長いほうの足が＋側、短いほうの足が－側になってるよ！ ＋／－を間違えると電気が通らないから注意してね！

1

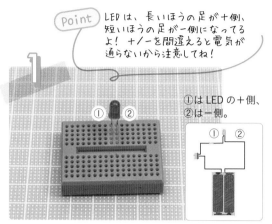

①は LED の＋側、②は－側。

砲弾型 LED をブレッドボードに挿す。
①は LED の＋を挿した列、②は－を挿した列。

Point
ブレッドボードの内部配線は真ん中の溝で分かれてるから、上下の列はつながってないよ！

2

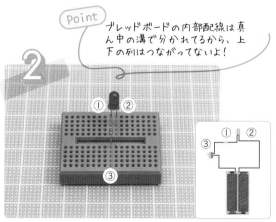

抵抗のどちらか一方の足を LED の＋を挿してある列（①）に挿して、もう一方の抵抗の足を他の列の穴に挿す。抵抗は＋／－がないので、どちらを挿しても OK だよ！

3

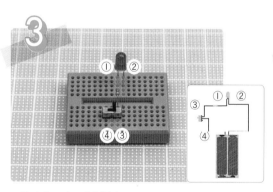

スライドスイッチを挿す。
スライドスイッチを抵抗につなぐためには、1 本目の足を抵抗と同じ列（③）に挿せば OK！
スライドスイッチの足は固定だから、残りの 2 本は自動的にそれぞれ隣の列に挿し込まれるよ！

Point
＋／－を間違えないように注意しよう！

4

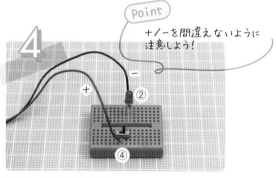

電池ケースを配線する。
電池ケースの赤色の電線（＋側）をスイッチの列（④）に挿して、電池ケースの黒色の電線（－）を LED の－側の列（②）に挿せば、回路のでき上がり！

5

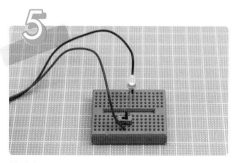

電池を入れてスライドスイッチを ON にすると、LED が点灯するよ☆

最初のうちは、配線図や回路図の配線に1本ずつ番号や色で印を付けながら回路を組んでくとやりやすい！ 複雑な回路でも、落ち着いて1本ずつ配線を読み解いてけば、難なく回路を組めるようになるよ☆

　今回作ってみた回路は、必ず写真と同じ形で回路を組まなきゃいけないわけじゃない！ ジャンパーワイヤーを使って回路の配線を長く伸ばしてみるとか、電子部品を別の場所に取り付けても回路は作れるよ！ ＋／－の向きと電子部品どうしのつなげ方さえ間違ってなければ回路は動く！ 試しにいろいろ回路を組んで、実験してみてね☆

2 盛りたいギャルには欠かせない

電子工作の幅が無限に広がる！ はんだ付けのキホン

まお

電子工作で一番大事なのが、はんだ付け！ はんだ付けができれば、作りたいものの幅が広がって楽しい☆

はんだ付けを一言で説明すると、熱して溶かした金属（はんだ）で、金属（電子部品や電線）どうしをくっつけること。そうすることで、電子部品に電気が通るようになるよ！

✦ はんだ付けの準備

はんだ付けには、最低限でも「はんだ」「はんだごて」「はんだごて台」が必要！

はんだにもいくつか種類があって、うちらが使ってるのは鉛入りのタイプ。環境に配慮した鉛フリーのタイプもあるけど、溶ける温度が鉛入りはんだより高いので、初心者には扱いが難しい。

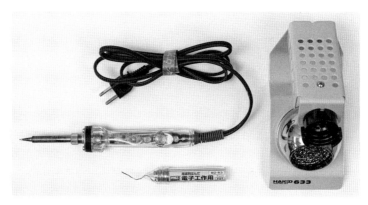

はんだごてはちょっと高くても、温度調節機能があるものが使いやすい！ いい感じにはんだ付けするには、はんだの温度は250℃がベストなので、こて先の温度は300〜350℃くらい必要。でも、はんだを溶かすときに熱が奪われたり、置きっぱで熱くなりすぎたりして、こて先の温度って変わりやすい。だから温度調節機能はマジ便利。

はんだごて台は、工作中にはんだごてを休ませる台。うちは、普段はペンシルタイプ用のこて台、持ち運ぶときは折り畳める汎用のこて台を使ってるよ！ 台の下にこてクリーナーが付いてて、こて先が汚れてもすぐ拭ける。スポンジのクリーナーは、水を含ませて使うよ！

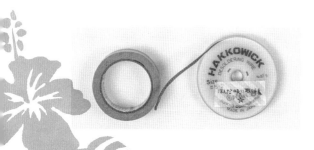

必須ではないけど、はんだ吸取線、マスキングテープ、工作マットもあると便利だよ！ はんだ吸取線は、失敗しちゃった部分を修正するための道具。マスキングテープは電子部品の固定に、工作マットは作業台を汚さないために使ってる！

❋ はんだ付けの方法

　はんだ付けはリズムが重要！ 自分ではんだ付けの感覚とタイミングをつかむのが、はんだ付けの極意！ はんだ付けは、何をくっつけたいかによって、こてを当てる時間やはんだの量が変わってくる。こればかりは、何度もやってみて感覚とタイミングをつかむしかない！

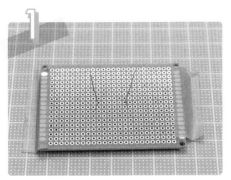

はんだ付けしたいもの（ここではユニバーサル基板）を固定し、スズメッキ線を挿し込む。
はんだ付けの練習をするときは、ユニバーサル基板と抵抗やスズメッキ線を使うのがオススメ！

はんだ付けしたい部分（ユニバーサル基板の穴と、そこにくっつけたい電線や、電子部品の足）をはんだごてで1〜2秒くらい温める。

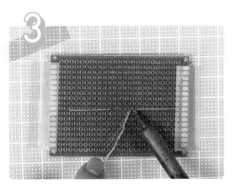

こて先にはんだを軽く押し当てて溶かし、1〜2秒温めつづける。

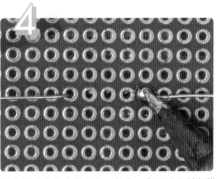

はんだが山のようになったら、先にはんだを離す。このとき、はんだごては当てたまま！

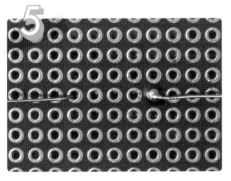

はんだを離したあとに、はんだごてを離す。
足が長すぎるなど余分なところがあれば、ニッパーでカットする。

Point
はんだごてはめちゃ熱いので、使わないときは即座にはんだごて台に置くことを意識しよう！

Point
こて先にはんだが付いて汚れてきたら、その都度、スポンジや金属製のこてクリーナーでこて先を拭いてあげてね！

✦ 良いはんだ付け＆悪いはんだ付け

良いはんだ付けの例

　はんだ付けがうまくできてる場合、はんだがよく溶けて一瞬キラ☆と光るよ！ 写真みたいに表面がツヤツヤして、くっつけたい部品におおいかぶさるくらいの量が、いい仕上がり！ 形はキスチョコみたいになるのが理想だね☆

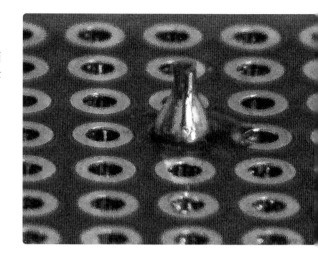

悪いはんだ付けの例

　はんだ付けがきれいにできないと、それが原因で電気回路がうまく動かない場合がある。どういう場合に失敗するのか、悪いはんだ付けの例を見てみよう！

● はんだが少なすぎる

　はんだ付けは、金属（はんだ）を溶かして金属どうしをつなげること！ だから、はんだが少なすぎると、金属どうしがつながらず電気が通らない場合があるよ。そういうときは、はんだの量を足してみよう！

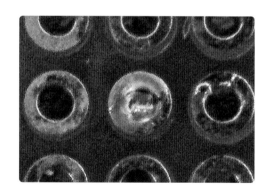

● イモはんだ

　イモはんだになる原因は2つあるよ！ どっちも熱に関係してて、加熱しすぎるのもダメだし、熱が足りないのもダメ。

・加熱しすぎのイモはんだ

　表面にツヤがなく、ボツボツとしたイモっぽい感じの見た目。こて先の温度が高すぎたり、こて先をはんだに当てる時間が長すぎたりするとこうなりやすい。イモはんだだと、はんだを盛った部分がポロっと取れやすくなっちゃうよ！

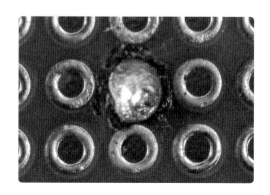

・熱不足のイモはんだ

　はんだにツヤはあるけど、くっつけたい部品のどちらかにはんだがより多く乗っちゃってる。さっきの逆で、こて先の温度が低すぎたり、こて先を当てる時間が短すぎたりするとこうなりやすいよ。はんだごての熱がきちんと部品に届いてないから、はんだがちゃんと両方の部品におおいかぶさらない。

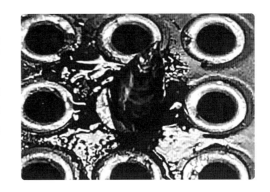

● ブリッジはんだ

　はんだの量が多すぎて、隣の穴までつながっちゃってるよ。こうなると、本来電気を通す予定じゃないところにまで電気が流れちゃう（これをショートっていうよ）！ 最悪の場合、部品が壊れるし、燃えちゃうこともあるので要注意！

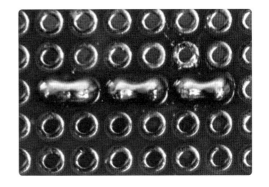

失敗したときは

　イモはんだやブリッジはんだなどの失敗は、はんだ吸取線を使ってやり直しができるよ！

　使い方は、失敗した箇所に吸取線を当てて、線の上からはんだごてで温める！ そうすると、熱ではんだが溶けて吸取線に染み込むので、はんだをきれいに取ることができるよ。線を横に引っ張って、少し幅を広げてから使うと作業しやすい！

　細かいところ（例えば、ユニバーサル基板やマイコンボードのピンヘッダ周り）には、はんだ吸取器を使うこともあるよ！

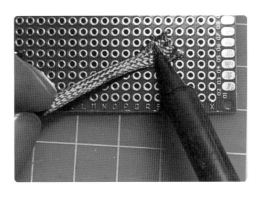

✦ 予備はんだ

　はんだ付けを行う前に、電線にはんだを染み込ませておいたり、電子部品にはんだを盛っておいたりすることを「予備はんだ」っていうよ。予備はんだで事前にはんだを流しこんでおけば、はんだ付けのときは新たにはんだを足さなくてもいいので、両手が使えて作業しやすい！ 電線もばらけなくなってオススメだよ。

電線への予備はんだ

　電子工作でよく使うタイプの電線は、金属がむき出しの電子部品の足と違って、絶縁被覆（電気の通らないビニールのおおい）の中に細い銅線が入ってるよ。

　絶縁被覆が付いてるままだとはんだ付けできないから、はんだ付けできるように整えるとこから始めてこう！

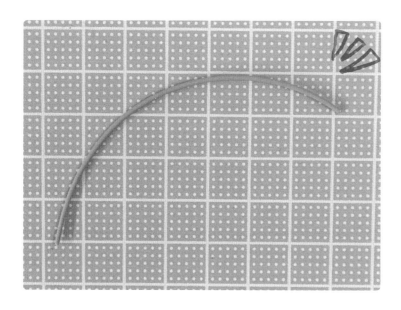

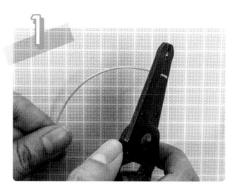

まず、ワイヤーストリッパーで絶縁被覆をはぎ取って、銅線をむき出しにする。ワイヤーストリッパーは、使う電線の太さに合った穴を使ってね！
被覆をはぎ取る長さは用途によってまちまちだけど、マイコンボードやテープ LED に使う場合、2 ～ 4mm くらいを目安にしてるよ！

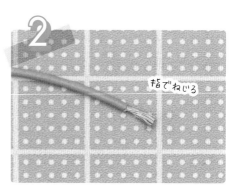

銅線がバラバラなので、指で軽くねじってまとめるよ。

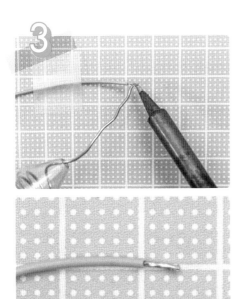

軽くまとめた銅線に、はんだを染み込ませるように
して溶かし入れたら、予備はんだ完了！

はんだ付けのときは、予備はんだ済みの電線をこて
先で温めると、きれいにくっつくよ！
今回は電線でのやり方を見てきたけど、電線以外に
も、マイコンボードやテープ LED にもしておくこ
とが多い！

　予備はんだは、はんだをかるーく付けるのがポイント。マイコンボードやテープ LED は玉ができ
るくらい付けてね。電線の場合は染み込ませるくらいで OK！

お手軽に作れる！ 空中配線

まお

空中配線は、ユニバーサル基板に固定せずに、部品どうしをそのままはんだ付けして配線する方法だよ！ 簡単な回路の場合に、基板なしでお手軽に作れるのが魅力☆
　複雑な回路を作る場合は空中配線だと頼りないから、ユニバーサル基板を使ったほうがいいよ！

　空中配線で、電子部品の金属の部分どうしが触れたり重なったりすると、回路がショートして電子部品が壊れてしまうことがある。ショートを防ぐためには絶縁処理がだいじ！ LED などに配線するときは、足を短く切ってから電線をつなぐか、収縮チューブ（▷ p.13）を使うといいよ！

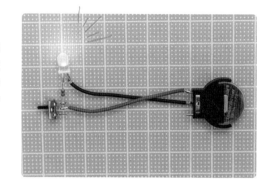

✤ 空中配線で回路を組んでみよう

　さっそく空中配線で回路を組んでみよう！ 前にブレッドボードを使って組んだ「スイッチで LED を ON／OFF する回路（▷ p.25）」を、コイン電池＆ブレッドボードなしで組むよ！

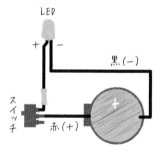

LED

＋　－

黒（－）

スイッチ

赤（＋）

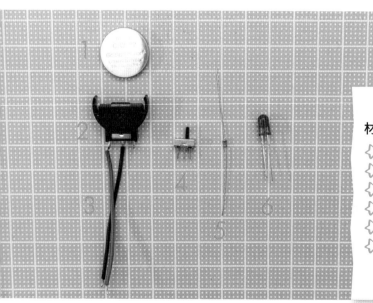

詳しくは p.46 へ！

材料

☆ 砲弾型 LED ［6］────1 個
☆ 抵抗器（150 Ω）［5］────1 個
☆ スライドスイッチ ［4］────1 個
☆ コイン電池（CR2032）［1］──1 個
☆ 電池ケース（CR2032 用）［2］─1 個
☆ 配線用の電線（赤、黒）［3］──各 1 本

電線の長さは好みで、
電池ケースに先に配線しても OK！

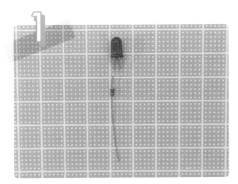

1

LEDと抵抗器をはんだ付けする。
LEDや抵抗器の足を短くカットしておくと、ショートしにくい！ 短くしたくないという場合は、収縮チューブを使うといいよ！
カットしたあとでは＋／−がわからなくなっちゃうから、先にマジックで足に印を付けておくとわかりやすい！

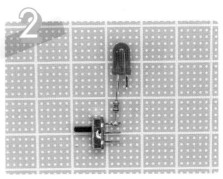

2

抵抗器とスイッチをはんだ付けする。

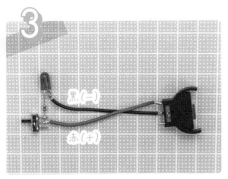

3

黒（−）
赤（＋）

電池側のケーブルを配線する。
電池ケースとLEDの足をつなげるときは、直接はんだ付けするとごちゃっとしちゃうから、電線を使って配線したよ！
電線の色は赤→＋、黒→−にした！

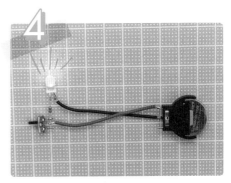

4

スイッチで電源ON☆

メンテナンスもラクラク！ コネクタ配線

まお

コネクタ付きの電線は、電線が 2〜4 本くらいセットになってて、まとめてはんだ付けできるのが便利☆
コネクタのところで取り外しができるから、電子部品の調子が悪いときはコネクタを外して調べたり修理したりしやすい！ ギャル電の電子工作でもよく使ってるよ！

　テープ LED とマイコンボードを配線するときは、コネクタ付き電線を使うことが多いよ！ テープ LED のピンの数に合わせて、電線が 3 本のコネクタ付き電線を使ってる！ 使い方は普通の電線と一緒なのに、途中のところで付け外しができるところが超便利。

ピンがある
コネクタが
オス！

ピンがない
コネクタが
メス！

Point

コネクタ付き電線は、先端の絶縁被覆がむかれてて、予備はんだ済みの状態で売ってるものも多い！ だけど、最初からむき出しになってるものは結構折れやすい↓↓ ギャル電の場合、先端をちょっと切って、改めて予備はんだしなおして使ってるよ！

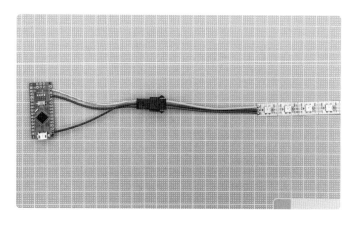

例えば、ギャル電の作品だと、光る看板ネックレスにもコネクタ付き電線を使ってるよ！ 2枚の
アクリル板の間にテープLEDを入れて、内側から光らせる仕組みになってる！

 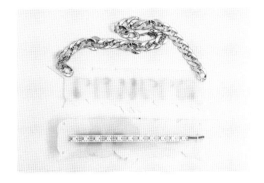

　「ただコネクタが付いてるだけ？」と思うかもしれないけど、作ったものを実際に使ってみると、
めっちゃメリットがある。もし、コネクタが付いてない普通の電線で配線した場合、調子が悪くて
故障箇所を調べたいときに、アクリル板を開けて中の回路を全部はがさなきゃいけなくなっちゃう。
でも、コネクタ付き電線で配線してればコネクタのところで外せるから、全部はがさなくても壊れ
た部品がどれか調べやすいよ！

　あとは、ポーチとかボディバッグ（▷ p.82）みたいに、LEDを見えるところに出して、ポーチの
中とか見えにくいところにマイコンボードや電池を配置したい場合も、コネクタ付き電線が便利。
ポーチに小さく切り込みを入れて、電子部品にはんだ付け済みのコネクタ付き電線のコネクタをは
めるだけ！ ポーチとかバッグみたいに外側と内側の両方に電子部品を配線する場合は、コネクタ付
き電線がもってこい！

3 壊れたら直して使えばいいじゃん

きょうこ

電子工作で盛れてる電飾アクセを作って、遊びに出かけた先でいざ光らせようとしたら「全然光らない！ 超テンション下がるんだけど✌️」ってなることは、実はよくある。でも、故障したものをそこで諦めちゃうのはちょっと待った！ 電子工作、普通にめっちゃ壊れるから。そんなに落ち込まなくていい。

ギャル電も最初のころは、イベント直前にガンガン壊れて泣いた。でも、壊れない完璧なものを作るのは超ミッションインポッシブルで、家でどうやって完璧にしたらいいか悩んでる間に、行きたかったイベント終わっちゃう。

気合い入れてコテで巻いた髪型だって、どうせ途中で崩れるし、電子工作でも作ったものは動かしたら壊れる前提で、はんだごてと一緒にお出かけして直しながら使ったらいいじゃん？ ってことで、修理のやり方やコツを紹介してくよ！

どこを直したらいいか調べる

修理の前に、原因の特定が必要。まずは電子部品を一つずつ確認して、どれが故障してるのか、原因を調べてくよ。

確認する順番は、故障しやすそうなところや交換が簡単なところを先にチェックすると効率がいい。ギャル電が修理のときにチェックする順番はだいたいこんな感じ。

配線が取れてないか調べる

まずは外見でわかりやすいところから調べてくよ。マイコンボード⇔LED、マイコンボード⇔センサーなど、電子部品どうしをつないでる配線が外れてないか、正しいところにつながってるかを確認しよう！

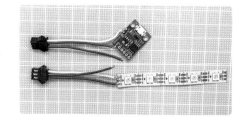

❷ 電池を交換してみる

配線が問題なければ、電源を新しいものに交換してみよう（充電済みの別のモバイルバッテリーや新品の電池など）。充電や電池が減って、電子工作で作ったものを動かすための電気が足りてないと、期待どおりに動かなかったりLEDがプログラムと違う光り方をしたりするよ。

作品を動かすための電流が小さすぎる場合、過電流防止機能付きのモバイルバッテリー（▷ p.16）だと給電が停止されてしまうことがあるよ！ 過電流防止機能がないIoT用のモバイルバッテリーも試してみてね。

❸ マイコンボードを交換してみる

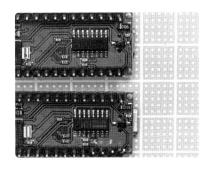

　配線も電池もチェックしたけど、まだ直らない！　そんなときは、マイコンボードを交換してみよう。取り外したマイコンボードをよく観察して、もしもマイコンボードの部品が溶けてるとか燃えた跡がある場合は、故障してる可能性が高いし、危ないから使わないように！　故障確定のマイコンボードは、マジックででっかく×マークとか書いておくとあとでわかりやすいよ。

❹ 電子部品（LEDなど）を交換する

　マイコンボードを新しいものに取り換えても動かない場合は、電子部品を新しいものに交換してみよう。

　例えば、テープLEDを作品にがっちり貼り付けてて交換するのが難しい場合は、元々つないでたマイコンボードに新しいテープLEDをつないでみると、どっちが壊れてるのかわかるよ。もしテープLEDのほうが壊れてて、どうしても作品から取り外せない場合は、諦めて新しく作っちゃおう！

　確認のやり方はこんな感じ。

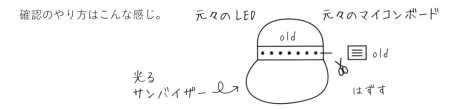

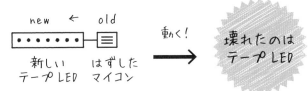

☆ 故障を確認するときは、配線やLEDの向きを間違えないように注意！

よくある故障の原因と直し方

　　よくある故障としては、配線が取れちゃったとか、配線のはんだが接触不良を起こしたり、配線が断線したりと、配線周りが原因のことが多い。そういうときは、一度はんだを取り除いてはんだ付けしなおせば、また使うことができるよ。
　　修理に必要なものは、こんな感じ！
- はんだ吸取線
- はんだごて／はんだ台
- ワイヤーストリッパー
- はんだ（糸はんだ）
- 予備の電線

配線が取れてしまった電線の先端を少しカットして、ワイヤーストリッパーで絶縁被覆を2mmくらいはぎ取るよ。むき出しになった銅線の部分に予備はんだをしておく！

※ カットすると長さが足りなくなる場合や、電線が途中で断線してる場合は、予備の電線に交換する。予備の電線を必要な長さにカットし、両端の絶縁被覆を各2mmくらいはぎ取って、予備はんだしておく。

はんだ吸取線にはんだごてを当て、温まったらはんだを当ててはんだを少し吸い取らせる。

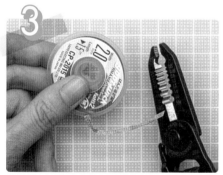

吸取線の先端を斜めにカットする。２、３の手順を行うことで、吸取線に熱が伝わりやすくなるよ！

はんだを取り除きたい部分に吸取線を乗せて、上からはんだごてで温め、はんだを吸い取らせる。

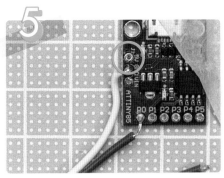

⑤ はんだの吸い取りが終わったら、はんだごてと吸取線を同時に電子部品から離す。
一度で吸い取り切れない場合は、吸取線をカットし（はんだが付いてる部分を少し残してカットするといいよ！）、古いはんだがなくなるまで繰り返す。
吸取線が電子部品にくっついてしまった場合は、もう一度温めると簡単に取れる。

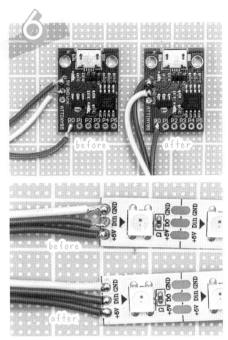

⑥ 配線をはんだ付けしなおす。

配線をつなげなおしたあとに、もう一回チェック！

☆ マイコンボードのピンをもう一回チェック！ LED やセンサー、電池ケースと接続されてるピンは間違ってない？

☆ テープ LED の矢印の向きは、マイコンボードが矢印の元側（マイコンボード ▶ LED）じゃないと光らない！ 矢印が逆方向になってない？

電子工作は壊れる、でも壊れにくい使い方や工夫はできる

きょうこ

作ったり直したりを何回か繰り返すうちに、壊れやすいところとか、電子部品に負荷がかかりやすい使い方がだんだんわかってくる。あと、どうせ修理するならめんどくさくないほうが絶対いい。
絶対に壊れない電子工作の作り方は、ギャル電にもわからない。けど、自分で電子工作して、ハードに遊んで、たくさん修理してきたギャル電の進化の歴史から、みんなにも役立つかもしれないヒントをシェアするね！

🌸 壊れにくい使い方

- 濡れた手で電子部品に触らない！ 酔っぱらってお酒や飲み物をこぼしそうなところに、電子部品をむき出しにするのも NG。
- 雨が降りそうなときは、ソッコー、電子部品やバッテリーの金属部分に水分が付かないようにビニール袋などにしまって防水対策する。
- 持ち運ぶときには、電池やモバイルバッテリーを外しておく。
- 重いものと一緒にバッグに入れる場合、プチプチ（緩衝材）でくるんで保護する。
- 使いかけの電池を持ち歩く場合、電極にテープを貼るか、一本ずつビニール袋等に入れて、ショートしないようにする。
- ストリートで電池を使うときには温度に注意。寒いと電池の減りがめっちゃ早いから、予備は多めに用意する。暑いときは車（特にダッシュボード）に電池やバッテリーを放置しない。

🌸 壊れにくくする工夫

- 配線が長すぎてブラブラしてるところは、結束バンドなどを使って、なるべく固定する。
- 電子部品の金属の部分がむき出しになってるところに、アクセサリーとか金属でできたものが当たらないようにする。
- 電線は適切な長さで配線する。長すぎると他のものに引っかかりやすいし、短すぎても無理な曲がり方をしてよくない。
- 電池やモバイルバッテリーなど、重めの電子部品は、しっかりした土台に固定するか着てる服のポケットに入れる。
- 電線を基板にはんだ付けするときに、電線が曲がってしまうところや、他の部品に当たっててはんだ付けが取れやすいところは、ホットボンドで補強する。
- ちょうどいい大きさのケースがあれば、電子部品をケースに入れるといい！ もちろん、ケースが大きすぎてガチャガチャいうとか、小さすぎてぎゅうぎゅう詰めってのはナシで。

✦ 修理しやすくするコツ

- 壊れやすい電子部品どうし（例えば、テープ LED ⇔ マイコンボード）をつなげる場合、コネクタ付き電線を使って、簡単に交換できるようにする。
- 完成したときに、マイコンボードや電子部品の配線がわかるように写真を撮っておく。
- 修理のために一度分解するときも、細かい段階ごとに写真を撮っておく。
- 何も見ずにもう一度作れる自信がないものは、とにかく写真を撮っておく。
- よく使う電線の色と役割を、自分の中で決めておく（例えば、＋は赤、－は黒か白、とか）。
- マイコンボードに書き込むプログラムを保存するときに、どういうプログラムかわかりやすいファイル名を付ける（めっちゃ重要！）。例えば「kyoridehikaru_pika（距離で LED がピカピカ光る）」「otodehikaru_chill（音で LED がまったり光る）」とかのファイル名なら、あとで超わかりやすくない？

ギャル電の
電子工作失敗あるある＆
解決方法

★ はんだごてを持ったまま悩む

　はんだ付けって、何回かやってコツつかむまでは全然くっつかなかったりする。だんだん焦ってきて、はんだごてを持ったままはんだ線のベストな持ち方を探ったり、マステ貼り直したりしがちだけど、ちょい待って！

　うまくいかないときには、めんどくてもはんだごては一回はんだ台に置いて落ち着くの大事☆

　はんだごてを置いてから作業しやすいポジションを探すとか、はんだ付けのイメトレするとかしてから再トライしてみなー。

★ 電線の色をその日の気分で変える

　部品と部品をつなぐ電線、いろんな色あってたのしー！

　自分の好きな色を使って配線するのはいいんだけど、毎回違う色使うと、記憶力に自信がないと修理するときにわけわかめになりがちじゃん？

　好きな色を使う場合は、自分の中で「プラスはこの色」「マイナスはこの色」って感じで定番カラーを決めとけば、修理するときや配線の箇所が多いものを作るときに迷わないよ。

★ ちっちゃい部品とかネジを秒でなくす

　ちょっとの時間だからいいやって思って机の上に材料を全部ぶちまけて作業してると、肝心なときに 1000 パー見つからない。んでめっちゃ探すんだけど、探してるときは 1000 パー見つからなくて、全然関係ないときに踏んじゃったりして時間差の罠になるしモチベ下がりまくる。

　ちっちゃい部品を袋から出したら、秒でマステとかに貼り付けて机とかに貼っとけばなくさない。天才！

★ 10回見直しても全然ミスしてるとこ見つからないんだけど……

　作例どおりに作ってみたのに全然動かない！ 自信ないから 10 回見直して、寝て起きて超すっきりした状態でやり直してみたけどやっぱりダメ。もういや！！ ってことも超あるある。

　落ち着いて配線や電池のつなぎ方に間違いがないか確認しても動かない場合は、ブレッドボードとかマイコンボード、電池を別のものに取り替えて試してみて。

　ブレッドボードは無理やり部品を挿したことがあるものだったり、超安いものを買ったりすると、内部の配線がちゃんとつながってなかったりして故障してることがあるよ。部品を変えてもやっぱダメな場合は、いったん保留にして時間を置いてもう一回トライするとあっさり動いたりする。マジで。

第3章

テンアゲ①
まずは光らせたい！

いよいよ実際に電子工作アクセサリー
を作ってくよ！ まずは粒状の LED から
テープ状の LED まで、ピカピカ光る
アイテムでテンション MAX アゲてこ！

1 砲弾型 LED で盛ってみよう

きょうこ

まずはド定番で、電子工作で「LED」といったらみんな思い
浮かべる、砲弾型の LED を使って盛りアクセを作ってみよう！

◆ 砲弾型 LED

砲弾型 LED は、光る部分をおおってる樹脂のレンズが砲弾のような形になってる LED のこと。
電子工作では基本の基本って感じの LED で、基本セットとかにも入ってたり、まずは砲弾型 LED
を光らせるところから始めたりすることが多い！

◆ 砲弾型 LED の種類

 サイズ お店で売ってるものだと、レンズの直径が 3mm とか、5mm のものが多いよ。8mm や
10mm のものも、レアだけどたまに売ってることがある。サイズの表記は mm の他に φ で書いてあ
る場合もあるけど、どっちも同じ大きさ。

 形 レンズの形は、砲弾型が一般的だけど、円筒型、矢型、角型など、いろいろな形がある。用途
や光らせ方によって、形ごとに結構雰囲気が違ってくるから、いろいろ試しながら自分の好きな形
を探すのもオススメ！

色 光の色は 1 色で、電源が ON の間ずっと同じ色で光
るのが基本！ 光の色や点滅するタイミングを制御できる
IC チップ入りの砲弾型 LED もあるから、用途や好みに合
わせて選んでね。

インターネットショップだと、色ごとにカテゴリ分けさ
れてることもあるよ。特に 1 色で光るものは間違えて買
うと変更ができないから、買うときには注意！ 光の色が
変わる LED は「RGB LED」「フルカラー LED」「イルミネー
ション LED」あたりで検索すると見つけやすい。

電流・電圧 砲弾型 LED を買うときに商品サイトとかで
チェックするポイントは、「VF（順方向電圧）」「IF（順方
向電流）」の 2 つ！ でもぶっちゃけ、抵抗の計算とかめん
どいなってときもあるし、VF が使いたい電池の電圧と合っ
てるかどうかのチェックしかしてない。例えば、3V のコ

イン電池を使いたい場合に LED の V_F の値が 3.4V とかだと、3.4V 流せないから厳しいかなーみたいな、ざっくり判断してる。I_F は、すごいやる気があって抵抗の計算とかにチャレンジするって場合に使うけど、あんま計算するほど複雑なもの作ってないから、今んとこあんま見てない。

足の本数 砲弾型 LED には、足が 2 本、足が 3 本（2 色タイプ）、4 本（RGB タイプや NeoPixel タイプ）のタイプがある。足が 3 本や 4 本のタイプはそれぞれの足への電流の流し方を制御することで光の色を変えることができるけど、単純に電池をつなげるだけだと光らないから、最初は 2 本足のタイプから挑戦してみるのをオススメする！

基本的な処理の仕方

LED は電気の入口（＋）と出口（－）が決まってて、2 本足の砲弾型 LED は、入口側が長い足（＋、アノード）、出口側が短い足（－、カソード）になってる。

電源の＋側を LED の＋の足、電源の－を LED の－の足につなぐと、電気が流れて LED が光るよ。ただし、LED は電気が流れる方向が決まってるから、＋と－を間違えると電気も流れないし、LED も光らない。＋と－を逆につながないように注意すること！

作りたいものや LED の取り付け方によっては、足を曲げたり切ったりする場面も出てくる。LED の足は細い針金みたいな感じだから、曲げるのは全然難しくなくて、手でぐにっと曲げられるよ。正確な長さで曲げたい場合は、下に定規やガイドになる線を引いておいて、線に合わせてラジオペンチを使うと、きれいに曲がる！ あんまり何度も曲げなおしたりすると、足が折れることもあるから気を付けてね！

足を切るときはニッパーを使う！ 足を切っちゃうと＋／－が区別できなくなるから、切る前に＋側の根元にマジックで印を付けておくと見分けができて便利だよ。

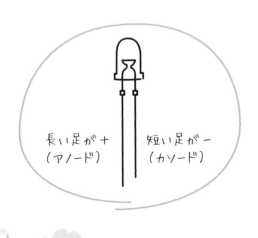

長い足が＋
（アノード）

短い足が－
（カソード）

簡単なのに超ド派手！

イルミネーションLEDデコピアス

まずは、電源につなぐだけでいろいろな色やパターンで光ってくれる「イルミネーション LED」とコイン電池を使って、簡単＆シンプルな仕組みで派手めに光る LED ピアスを作ってみるよ☆

材料

- ☆ イルミネーション LED
  [OSTB5131A-IC 5mm 丸型]
  [7] ……………………… 2 個
- ☆ コイン電池 CR2032 [4] …… 1 個
- ☆ 電池ケース（CR2032 用）[3]
  ……………………………………… 1 個
- ☆ スライドスイッチ [6] …… 1 個
- ☆ プラ板 0.5mm 厚 [タミヤ 70003]
  [2] ……… 10cm × 10cm くらい
- ☆ デコ用シール [1]
  ……………… 10cm × 10cm くらい
- ☆ イケてるピアス [5]
  ……………………………… 片耳分

> 両耳分を作る場合は、材料を 2 倍で用意してね！

> 電池ケースと同じくらいの大きさの丸いデザインのピアスが作りやすくてオススメ！

1

2

5

3

4

6

7

工具

- ◇ マスキングテープ
- ◇ はんだ・はんだごて
- ◇ ニッパー
- ◇ ペンチ
- ◇ ハサミ
- ◇ ホットボンド

 配線図

スライドスイッチ

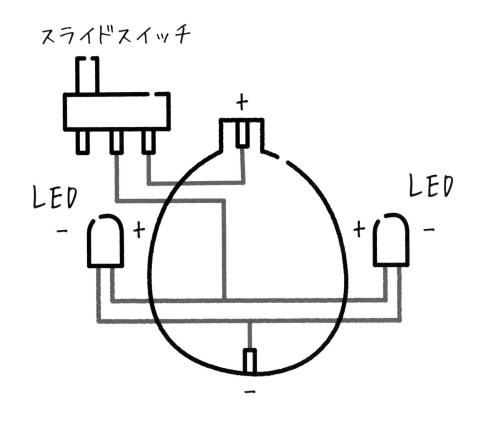

LED

LED

LED・電池・スイッチだけの超シンプルな回路
だけど、デコり方次第でめちゃかわいいピアス
が作れちゃうよ!
簡単なものでも、初めて完成したときの達成感
はハンパない!

49

♡ 作り方

1

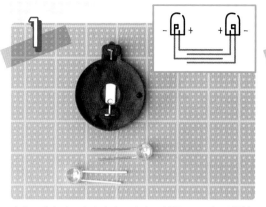

向かい合わせにしたときに2本のLEDの＋／－が重なるように、LEDの足を曲げてくよ！
でき上がりをイメージしながら電池ケースやピアスと並べてみて、LEDの位置を決めておく！

2

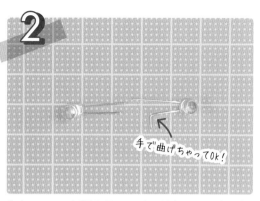

手で曲げちゃってOk！

片方のLEDの－側の足を90度で外向きに曲げる（写真右）。
もう片方のLEDは、＋側の足を90度で外向きに曲げる！

3

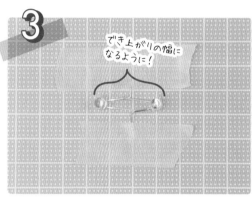

でき上がりの幅になるように！

2本のLEDの＋の足どうし、－の足どうしをそろえて重ねる。でき上がり幅になるように、電池ケースやピアスと並べて位置を整えたら、写真のようにマスキングテープで固定する！
LEDの足が長すぎる場合は、折り曲げてないほうの足をカットして調整するよ。

4

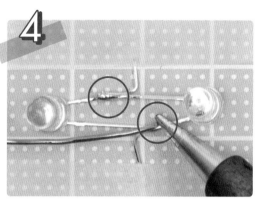

足が重なってる部分をはんだ付けする！

5

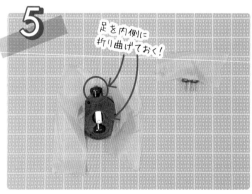

足を内側に折り曲げておく！

電池ケースの足を2本とも内側に折り曲げて、電池ケース全体をマスキングテープで固定する。スイッチは、写真のように足だけ出すようにして固定するよ！
電池ケースの足、スイッチの足にそれぞれ予備はんだ（▷p.32）しよう！

6

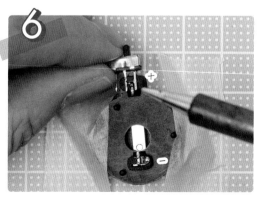

電池ケースの＋の足とスイッチの右端の足をはんだ付けする。今回使うスイッチは裏表とか＋／－が決まってないから、作るときにたまたま置いた面の右端でオッケーだよ。

50

Point
LEDの足が長すぎる場合は、ぴったりになるようにカットして調整する。

7

LEDの＋側の足と、スイッチの真ん中の足をはんだ付けする！

8

今度は、LEDの－側の足と、電池ケースの－側の足もはんだ付けするよ！

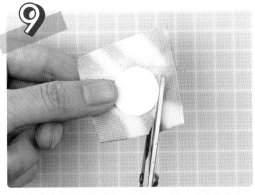

9

プラ板を丸く切り取るよ。電池ケースより少し小さいサイズにして、LEDと重ならないようにしてる！
さらに、プラ板にデコ用シールを貼って、プラ板に合わせて丸く切り取るよ！

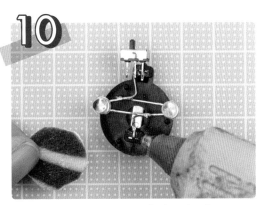

10

ホットボンドで電池ケースとプラ板を貼り付ける。

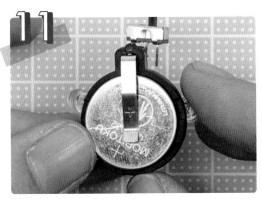

11

電池ケースに、＋側（文字が書いてある面）を上にしてコイン電池を入れるよ。
電池を入れてもLEDが点灯しない場合は、スイッチをカチカチやってみてね。

12

イェーイ！

ピアスと電池ケースをホットボンドで貼り付けて、

完成！

数を増やしてさらに盛り！

イルミネーション LED デコバッジ

イルミネーション LED と好きなデコパーツを組み合わせて、さらにテンション上がる
LED デコバッジを作ってくよ☆

♥ 材料

リフレクターはブッシング
とセットで売ってることが
多いよ！ ブッシングは
LED をリフレクターに取り付
けるときに、保護や絶縁
の役割をしてくれる！

- ☆ イルミネーション LED
  [OSTB5131A-IC 5mm 丸型]
  [7] ——— 5個
- ☆ LED リフレクター・ブッシング
  [5mm LED用四角リフレクター
  セット] [1] ——— 5個
- ☆ コイン電池 CR2032 [3] ——— 1個
- ☆ 電池ケース（CR2032 用）[2]
  ——— 1個
- ☆ プラ板 0.5mm 厚 [タミヤ 70003]
  [8] ——— 4.5cm × 8cm くらい
- ☆ デコ用シール [9] ——— 6cm × 9cm
  くらい（プラ板より少し大きめ）
- ☆ スズメッキ線 [5] ——— 6cm × 2本
- ☆ 配線用の電線（赤・黒）[4]
  ——— 各 5cm
- ☆ デコパーツ [6] ——— 好きなだけ
- ☆ ブローチピン ——— 1個

手芸用のブローチピンで OK！
手芸店や 100 均でも売ってるよー！

寿司じゃなくても
盛れるアイテムなら OK！

♥ 工具

- ◇ ハサミ
- ◇ 油性マーカーペン
- ◇ ピンバイス
- ◇ マスキングテープ
- ◇ ペンチ
- ◇ ニッパー
- ◇ はんだ・はんだごて
- ◇ ワイヤーストリッパー
- ◇ 接着剤またはホットボンド

 配線図

スライドスイッチ

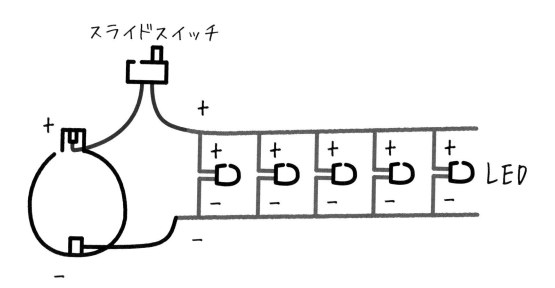

LED

イルミネーションLEDは、電源入れるだけで派手
に光ってパリピ感アップ↑
光を反射するリフレクターでギラつきをさらに盛っ
てくのがギャル電スタイル☆
簡単な回路でも材料の組み合わせを工夫すると
いろいろなアイテムが作れるよ!!
デコの材料を変えてオリジナルな電子工作盛り
を発明しちゃお。

♥ 作り方

1

プラ板にデコ用シールを貼る。プラ板からはみ出した部分はハサミでカットしちゃってオッケー。

2

プラ板の下から 1cm のところにリフレクターを 5 個並べて置く。リフレクターの穴の中心にマジックで印を付けるよ！

3

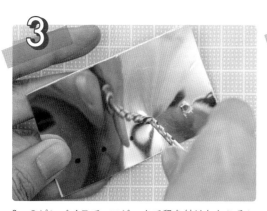

3mm のピンバイスで、マジックで印を付けたところに穴を開ける。

4

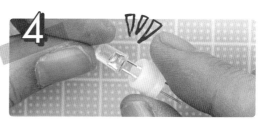

LED をブッシングに挿し込み、プラ板の穴に通す。LED は 5 個とも全部同じようにする！

5

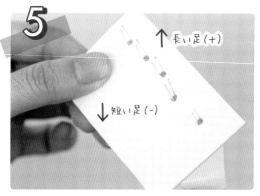

写真のように LED の足の向きをそろえる！ 向きがそろったら、LED が動かないようにマスキングテープで表側から固定しちゃうよ。

6

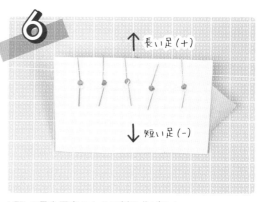

LED の足を写真のように折り曲げる！

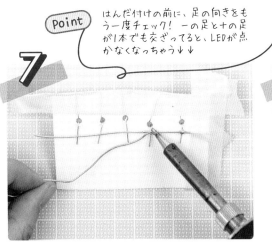

Point はんだ付けの前に、足の向きをもう一度チェック！ ―の足と＋の足が1本でも交ざってると、LEDが点かなくなっちゃう↓↓

7

スズメッキ線を LED の短い足（―側）5本全部にわたるようにつなげる。
写真のように、穴から 1cm くらいのところではんだ付けするよ。

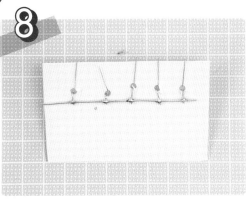

8

LED の足やスズメッキ線の不要な部分は、ニッパーで切り落としてスッキリさせる！

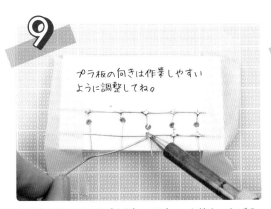

9

プラ板の向きは作業しやすいように調整してね。

今度は LED の長い足（＋側）にスズメッキ線をつなげる。手順7と同じように、全部の LED にわたるようにして、穴から 1cm 程度のところではんだ付け！

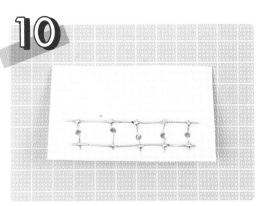

10

同様に、LED の足やスズメッキ線の不要な部分をニッパーで切り落として、全体的に形を整えてくよ！

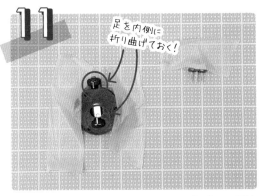

11

足を内側に折り曲げておく！

電池ケースの足を2本とも内側に折り曲げて、電池ケース全体をマスキングテープで固定する。スイッチは足だけ出すようにして固定するといいよ！
電池ケースの足、スイッチの足は、それぞれ予備はんだ（▷p.32）しておく！

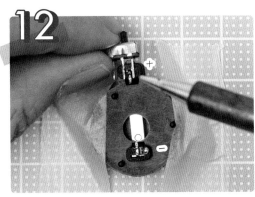

12

電池ケースの＋の足とスイッチの右端の足をはんだ付けする。スイッチは裏表とか＋/―決まってないから、作るときにたまたま置いた面の右端で OK！

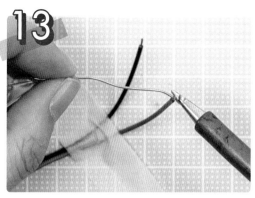

ワイヤーストリッパーで、電線の一方の絶縁被覆を
5mm くらいむいて、銅線に予備はんだをしておく。赤
と黒の2本とも同じようにするよ！

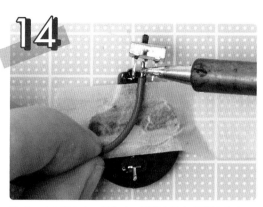

スイッチの真ん中の足と赤の電線をはんだ付けする。

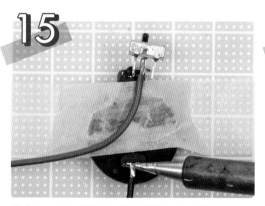

電池ケースの－側の足と黒の電線をはんだ付けする。

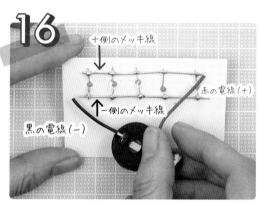

＋側のメッキ線

一側のメッキ線

赤の電線（＋）

黒の電線（－）

電池ケースをプラ板の上に置いてみて、でき上がったと
きにちょうどいい位置に収まるように電線の長さを調整
する！写真のように、黒→－側のメッキ線、赤→＋側
のメッキ線に配線するよ！ 長すぎる場合は、きれいに
収まるようにカットしてね。

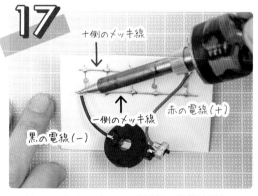

＋側のメッキ線

一側のメッキ線

赤の電線（＋）

黒の電線（－）

ワイヤーストリッパーで、各電線の絶縁被覆を5mm
くらいはぎ取る。
銅線に予備はんだをしたら、－側のメッキ線には黒の
電線（－）、＋側のメッキ線には赤の電線（＋）をそ
れぞれはんだ付け！

電池ケースに電池を入れてスイッチを ON にし、LED
が点灯するかテストしてみよう！

Point

LEDが点灯しない場合、配線図をよく見て、
LEDや電池の＋/－が間違ってないか確認
してみてね。もし間違ってても、正しい位置
につなぎなおせば大丈夫（▷p.40）！

19

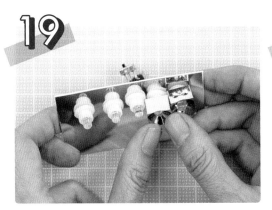

LED ブッシングにリフレクターを差し込む。

20

好きなデコパーツを接着剤やホットボンドで貼り付け
てデコる☆

21

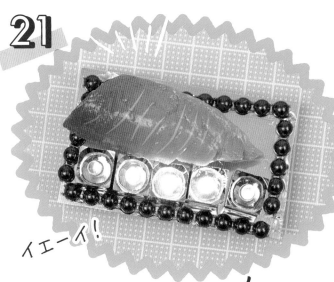

イエーイ！

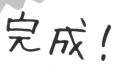

完成！

デコり終わったら、プラ板の裏側に電池ケー
スとブローチピンを接着剤で貼り付けて、

2 テープ LEDで光らせよう！

簡単にテープLEDを光らせる、基本的な方法を紹介するよ！
テープLEDの光らせ方を覚えて、イケてるものをどんどん光り物カスタムして遊んでみよう☆

まお

テープ LED

　テープ状の基板にチップ LED が等間隔で載ってるものを、テープ LED と呼ぶよ！

　チップ LED がテープ上にいっぱい並んでるから、1 粒だけの砲弾型 LED よりもめっちゃ明るい。あと、テープの裏側が両面テープになってて、簡単に貼り付けられるのがイイ！ ベースが柔らかい樹脂素材だから、好きな長さにカットするのも簡単だし、曲げながら曲面に貼ることもできるよ！

　照明として使ったり、車をデコレーションしたりと、用途はいろいろ！ ギャル電はアクセサリーを盛るためによく使ってる！

テープ LED の種類

　テープ LED は、テープに載ってるチップ LED で性質が決まるよ！ ギャル電がよく使うのは、型番が「WS2812B」のチップ LED が載ってるもの。Arduino 系のマイコンボードで光り方をコントロールしやすくて、電子工作向け！

　個数・間隔　テープに載ってる LED の個数・間隔もいろいろなパターンがあるよ。例えば、1 m のテープにチップ LED が 30 個／60 個／74 個あるものがある！ LED が多いほど明るいけど、電気もたくさん使うから、自分の用途に合ったものを選んでね☆

　LED の色　あらかじめ LED の色が決まってる単色タイプと、いろいろな色に光るフルカラータイプがある。色や光り方のコントロールには、専用のコントローラーやマイコンボードを使うよ。ギャル電はマイコンボードと合わせて、フルカラータイプを使ってる！

　テープの色・幅　テープ部分の色は、基本的に白と黒の 2 色があるよ！ 幅は、一般的な、チップ LED が 1 列のものから、2 列（ダブルライン）や 3 列（トリプルライン）になってるタイプもある！

　防水性　テープ LED は防水性があるものとないものがあるよ！ 防水タイプは、テープ LED 全体が樹脂でおおわれてたり、シリコンチューブの中に入ってたりしてる。両方とも切ったり曲げたりの加工はしづらくて、電子工作にはあんまり向いてないかも。非防水のものは、テープの上に載ってるチップ LED がむき出しになってて、発色もきれいだし、電子工作で扱いやすいよ！

　というわけで、うちらがよく使うテープ LED はズバリ、色と光り方をマイコンボードで制御できる型番「WS2812B」タイプ。自分でプログラムをカスタムして光らせるってなるとこれが最強で、

マジでこれ以外使ってない。LED の間隔は、1m に LED が 60 個、1 列に並んでるものを主に使っている。チップ LED も少なすぎず多すぎずがちょうどいい。テープ部分の色は白と黒どちらも使ってて、作るもののトーンに合わせて変えてるよ！ 防水性は、電子工作がしやすく発色がいい非防水タイプ一択！

　この本の作例で使ってるテープ LED も、全部「WS2812B」の LED60 個@ 1m タイプだから、そっくりそのままの材料で作ってみたい人は要チェキ！

基本的な処理の仕方

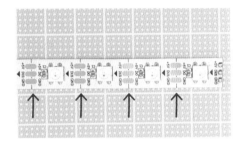

　テープ LED は、LED 1 粒分ごとにカットラインがあるよ！ 使いたい粒の個数や長さが決まってるときは、カットラインに合わせてハサミで切っちゃって OK ！

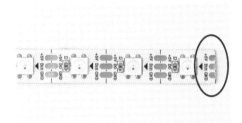

「WS2812B」のテープ LED の場合、カットした導電部分（写真右端）にはんだ付けして配線してく！ 防水タイプのテープ LED の場合は、導電部分が樹脂でおおわれてるので、樹脂をむいてからはんだ付けしてね。

　テープに書いてある矢印（◀）は電気の方向を表してて、矢印の根元側（「Din」があるほう）にマイコンボードや電源を配線するよ。方向を間違えると、電気が正しく通らないし LED も光らないから、よく覚えておいてね☆ テープ LED どうしを配線する場合も、両方のテープ LED の矢印がきちんと同じ方向になるように、要注意！

　配線のはんだ付け部分をきれいに見せたい場合は、収縮チューブを使って保護するのもあり！ショートと断線も防いでくれるよ！

　矢印の根元側の端っこに書いてある「＋5V」「Din」「GND」には、それぞれ意味がある。「＋5V」は電池でいう＋、「GND」は電池でいう－と同じだよ。「Din」は「Data in」の略で、LED をコントロールするための情報を送り込むということ！ 逆側にある「DO」は「Data Out」の略で、Din から入った情報が出てくるという意味！「DOut」と表記されてることもあるよ。

　テープ LED は、裏側（LED が付いてない側）が両面テープになってるのが便利！ 実際に電子工作で土台に貼り付けるときも、裏側の両面テープを使って貼り付けてるよ。特に、プラ板やアクリル素材だとくっつきやすい！ 合皮やポリエステル素材の場合は、両面テープだけだとはがれやすいから、両面テープに多用途接着剤を塗り重ねると、いい感じにくっつくよ！

マイコンボード

テープ LED の
プログラミングに欠かせない!!

LED が光るパターンや色を変えたりして、光り方を盛るために欠かせないのがマイコンボード。

回路基板（ボード）に「マイコン（マイクロコンピューター、マイクロコントローラー）」と呼ばれるチップを載せてるから「マイコンボード」っていうんだけど、略して「マイコン」とか「ボード」とか呼んじゃってることも多い。

要は超小型のコンピューターって思っとけば OK! ここにプログラムを書き込んで電気回路につなぐと、電気回路の動きを制御できるよ! メーカーや種類もたくさんあるから、作りたいものや好みによって、その都度作りたいものに合ったマイコンボードを選んでる!

マイコンボードの種類

マイコンボードは種類がめっちゃ多くて、どれを使えばいいのか迷っちゃう! ギャル電はアクセサリーとか身につけるものを作ることが多いから、コンパクトサイズで値段が安いものを選ぶことにしてる。特によく使ってるものをいくつか紹介するね!

Arduino Uno 電子工作初心者の超定番ボード。USB Type-B で PC に接続できるよ! ピンソケットっていうのが付いてて、ジャンパーワイヤーを挿すだけではんだ付けなしでも簡単な回路が組めるから、回路を試作するときに、ブレッドボードと一緒によく使ってる☆ ちなみに「Arduino」の読み方は人によってそれぞれで、うちらは「アルドゥイーノ」って読んでる。

Arduino Nano／Arduino Nano 互換機 Uno と性能はほぼ変わらないけど、小型なのでアクセサリー向き。miniUSB や microUSB で PC に接続できる!

この本の作例では、Arduino Nano 互換機を使ってる。Arduino は回路とかがオープンソースになってて、他のマイコンボード以外にも互換機の種類が多いのが特徴。うちらは AliExpress で互換機をまとめ買いしてるよ。正規品より安いし、ボードの色が赤くてかわいい☆ ただし、品質はメーカーによってピンキリだから、互換機を使うときは自己責任で!

ギャル電みたいにアクセサリー作りに使う場合は、電線やケーブルを直接配線するから、ピンヘッダがくっついてないものを買うのがオススメ。

Digispark 切手くらいのサイズで、めっちゃ小さい Arduino 互換機。接続できるピンが少ないしメモリも小さいから、長くて複雑なプログラムには向いてないけど、LED 光らせるだけならこれで十分! ボードごと直接 PC に挿せるタイプと、microUSB で接続するタイプがあるよ。プログラムの書き込みが Arduino と同じ方法でできるのも◎ これも AliExpress で格安のやつをまとめ買いしてる!

Arduino Uno   Arduino Nano   DigiSpark   Adafruit Flora   Adafruit GEMMA   Raspberry Pi Zero

マイコンボードの使い方

　マイコンボードに何が載ってて、どういうふうに使うのか説明してくね。この本で使ってる Arduino Nano 互換機を例に見てくけど、種類が違っても基本的なところは同じ！

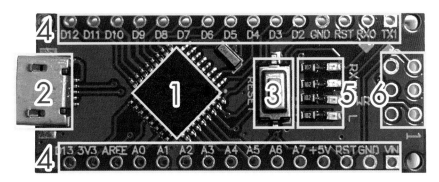

1. マイコン（マイクロコンピューター）：まさに頭脳！ プログラムを動かしてる部分だよ！
2. USB ポート：USB ケーブルで PC に接続して、プログラムを書き込んだりするところ！ モバイルバッテリーにつなげば、給電もできる！
3. リセットボタン：ボタンを押すとマイコンが再起動して、プログラムが最初からもう一度実行されるよ！ プログラムが消えるわけではないので安心してね。
4. 入出力ピン・電源：両サイドに付いてる丸い穴（ピンヘッダがくっついてる場合はその足）のことで、電線や電子部品を配線するところだよ！ ブレッドボード上で使う場合はピンヘッダ付きで使う場合もあるけど、ギャル電は穴に直接はんだ付けして使ってる。よく使うピンについて、簡単に説明するね！

種類	ピン	内容
電源	VIN	USB ポート以外から電源を取る場合（電池など）、電池の＋側→ VIN、－側→ GND につなげて使うよ！ 逆に、Arduino から LED やセンサーに電源を供給する場合は、＋5V または 3V3（＋3.3V）と GND に電子部品をつなげる！
	GND	
	＋5V	
	3V3（＋3.3V）	
デジタル入出力	D0 〜 D13	デジタル信号を入力・出力するところ。テープ LED や砲弾型 LED の光り方をプログラムするときはここを使う！ 番号はどこを使っても大丈夫だよ。
アナログ入出力	A0 〜 A7	アナログ信号を入力・出力するところ。例えば、4 章で使う音センサーはここにつなげる！ デジタル入出力と同じで、番号はどこを使っても大丈夫。

5. LED：よく見ると超小さい LED が載ってて、通信でデータをやりとりしてるときとかに光るよ。PC の電源ランプやアクセスランプみたいなもので、ギャル電の電子工作ではほとんど使わない。
6. ICSP：専用の装置を使って直接プログラムを書き込むときに使う。実際は USB で PC から書き込むから、ここを使うことはほぼない。

　配線ができたらいよいよプログラミング！ ハードル高そうに見えるけど、ほとんどコピペで行けちゃうこともあるし、なんとかなるよ！ この本では Arduino Nano 互換機を使ってるから、「Arduino IDE」という開発環境（プログラミングのためのソフトウェア）でプログラミングしてる。具体的な設定方法は作り方のところ（▷ p.66）で説明してるから、作りつつ慣れてこ！

光るサンバイザー

マイコンボード（Arduino Nano 互換機）でテープ LED の色を制御して、光が七色に変わるサンバイザーを作ろう☆ ここで作ったマイコンボードとテープ LED のユニットさえあれば、何にでも応用して LED でデコれるようになるよ！

 材料

ピンヘッダが付いてないものを買うこと！ うちはAliExpressで買ってるよ。USBケーブルはボードに合ったものを使う（ここではmicroUSBだけど、Amazonとかで買えるボードだとminiUSBがほとんど）。

サンバイザーのつばの長さに合わせてね！

☆ Arduino Nano 互換機 [1] ── 1個
☆ microUSB ケーブル [2] ── 1本
☆ テープ LED
　　[NeoPixel WS2812B] [3]
　　　　　　　　　　　── 25cm × 1本

☆ 3本線のコネクタ付き電線 [4]
　　　　　　　　　オス・メス各10cm
または、普通の配線用の電線（赤・緑・白）[5] ── 各10cm
☆ サンバイザー [8] ── 1個
☆ デコパーツ [9] ── 好きなだけ
☆ モバイルバッテリー [7]
　　　　　　　　　　　── 1個
☆ 結束バンド [6] ── 2〜3本

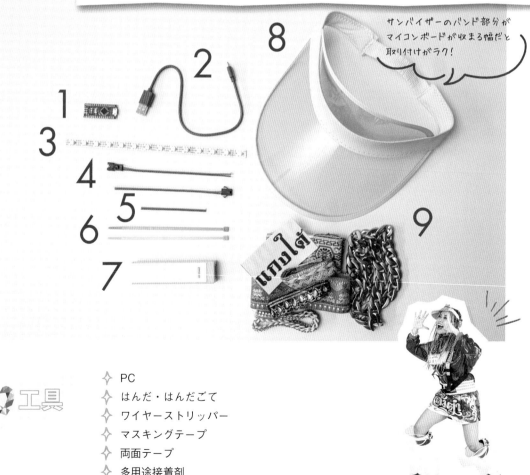

サンバイザーのバンド部分がマイコンボードが収まる幅だと取り付けがラク！

 工具

◇ PC
◇ はんだ・はんだごて
◇ ワイヤーストリッパー
◇ マスキングテープ
◇ 両面テープ
◇ 多用途接着剤

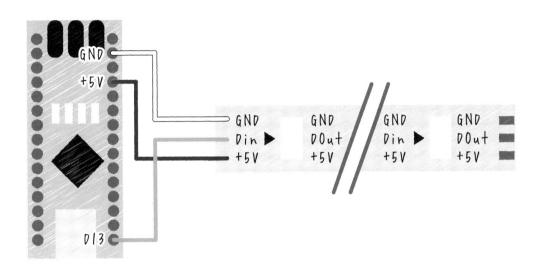

Arduino Nano互換機		テープLED
+5V	⟷	+5V
D13	⟷	Din
GND	⟷	GND

 **作り方** ★ 普通の電線で配線する場合

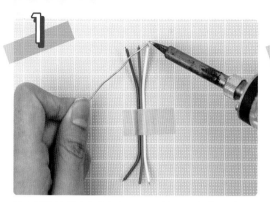

1

はんだ付けができるように、ワイヤーストリッパーで電線の絶縁被覆を2mmくらいはぎ取る！ 3本ともできたら、予備はんだ（▷p.32）してくよ。

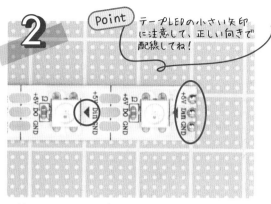

2

Point テープLEDの小さい矢印に注意して、正しい向きで配線してね！

配線と同じく、テープLEDとマイコンボードにも予備はんだしてくよ！
まずはテープLEDの＋5V、Din、GNDに予備はんだする。

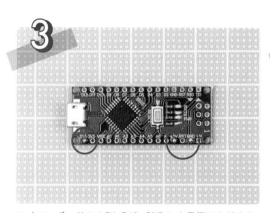

3

マイコンボードの＋5V、DI3、GNDにも予備はんだする。

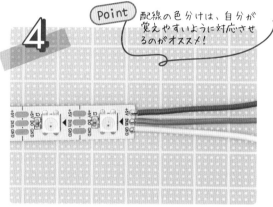

4

Point 配線の色分けは、自分が覚えやすいように対応させるのがオススメ！

予備はんだ済のテープLEDと電線を、はんだごてで温めてつなげるよ！
電線は、赤→＋5V、緑→Din、白→GNDに配線しよう！

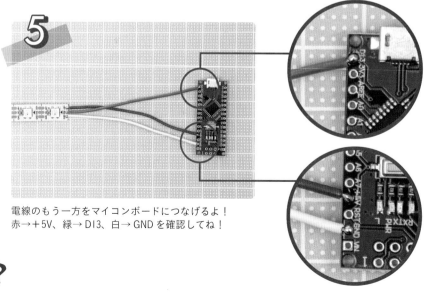

5

電線のもう一方をマイコンボードにつなげるよ！
赤→＋5V、緑→DI3、白→GNDを確認してね！

✿ コネクタ付き電線で配線する場合　オススメ！

コネクタ付き電線で配線すると、どっちかが壊れても取り外して付け替えられるし、ギャル電的にはめっちゃオススメ！ 配線方法は普通の電線とほぼ同じで、簡単にできるよ！

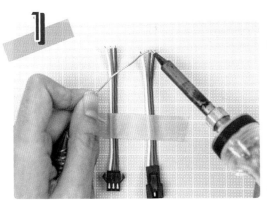

コネクタ付き電線に予備はんだする。

2 テープ LED とマイコンボードに予備はんだする。
普通の電線を使う場合と同じだから、詳しくは p.64 の手順 **2**〜**3** を見てね！

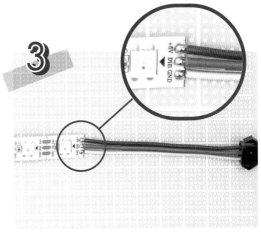

テープ LED にコネクタ付き電線を配線する。
コネクタのオス側・メス側は、どちらを配線しても大丈夫だよ！
電線の色は、赤→＋5V、緑→ Din、白→ GND に配線してね。

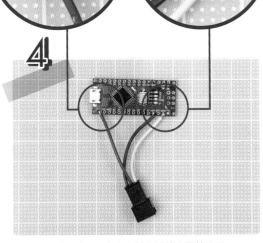

マイコンボードにコネクタ付き電線を配線する。
電線の色は、赤→＋5V、緑→ D13、白→ GND に配線してね。

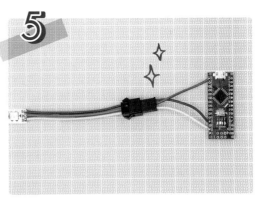

コネクタをつなげる。

★ 開発環境（Arduino IDE）のダウンロード＆インストール

まずはプログラミングができる環境作り。Arduino IDE という開発環境（プログラミングのためのソフトウェア）を↓↓の公式サイトからダウンロードして、PCにインストールしてね！

URL https://www.arduino.cc/en/Main/Software

リンク先のダウンロードページから、使ってる OS に合ったものをダウンロードしよう！ Windows の場合は「Win 7 and newer」を選択してね。

ダウンロードをクリックすると、この画面になるよ。金額が書いてあって一瞬驚くけど、「JUST DOWNLOAD」をクリックすれば無料でダウンロードできるから安心して！ リッチな君は寄付してももちろん OK！
Windows の場合、ダウンロードした exe ファイルを実行してインストールが始まったら、全部「次へ」をクリックでインストール完了！ Mac の場合、ダウンロードした zip ファイルを解凍して「Arduino.app」を「アプリケーション」に移動したら完了！

★ マイコンボードのセットアップ

今回は Arduino Nano 互換機を使ってるから、専用のドライバーが必要。
Windows の場合は USB を接続するだけで認識される！ もし認識されない場合は、マイコンボードの製造元サイトから、ダウンロード＆インストールして使おう！
Mac OS や Linux の場合、手動でドライバーをダウンロード＆インストールしておかないと使えない。ドライバーは、マイコンボードの製造元サイトで配布してることが多いよ！ 商品サイトや買ったときの説明書をチェックしてみてね。今回使ったマイコンボードの場合は、製造元サイトの↓↓でダウンロードできる！

Win http://www.wch.cn/download/CH341SER_ZIP.html
Mac http://www.wch.cn/download/CH341SER_MAC_ZIP.html

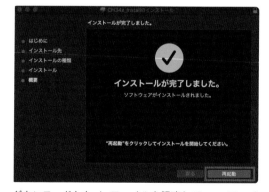

ダウンロードした zip ファイルを解凍して、exe ファイル（Win）または pkg ファイル（Mac）を実行して、インストール画面ではデフォルト設定で進めれば OK！
インストールが終わったら再起動で使えるようになる！

10

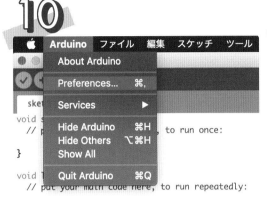

テープ LED をプログラムするために、NeoPixel LED の
ライブラリをインストールするよ！
Windows は「ファイル > 環境設定」をクリック、Mac
は「Arduino>Preferences」をクリックして、設定画面
に進んでね。

11

設定画面で、↓↓の URL を「追加のボードマネージャ
の URL」欄に入力して、OK ボタンを押す！

URL

https://www.adafruit.com/package_adafruit_index.json

12

今度は「スケッチ > ライブラリをインクルード > ライ
ブラリを管理」をクリックして、ライブラリマネージャ
画面を表示するよ。

13

ライブラリマネージャ画面右上にある検索窓に
「Adafruit NeoPixel」と入力して、検索結果から「Adafruit
NeoPixel by Adafruit」の最新バージョンを選んでイン
ストールするよ！

　これでテープ LED を使うためのセットアップ完了！
　プログラミングする準備ができた！ 最後にプログラムをマイコンボードに書き込んで、テープ
LED をバチバチ光らせてくよ〜！

14

LEDや点滅のパターンを決めるプログラムを、マイコンボードに書き込んでくよ。

この本で使ってるプログラムと同じものを、↓↓の書籍サポートサイトにも載せてる！「ダウンロード」タブからzipファイルをダウンロードして、解凍して使ってね！

書籍サポート

https://www.ohmsha.co.jp/book/9784274227516/

ダウンロードしたプログラムをまるっとコピーして使ってもいいし、ギャル電のGitHubにもいくつかサンプルを載せてるから参考にしてね！ もちろん、「NeoPixel プログラム」などで検索して、テンションが上がるプログラムを探してみるのもOK！

ギャル電のGitHub

https://github.com/mao717wind/gyaruden/

15

```
sketch_apr05c §
#include <Adafruit_NeoPixel.h> //NeoPixel LEDを光らせるためのライブラリ
#define PIN 13 //LEDのDINを接続したArduinoのピン
#define NUM_LEDS 14 //LEDの数

//NeoPixelライブラリの初期化
Adafruit_NeoPixel strip = Adafruit_NeoPixel(NUM_LEDS, PIN, NEO_GRB + NEO_KHZ800);
void setup(){   //Arduino初期設定：電源ON時・リセット時に実行される
  strip.begin();
  strip.show();
}

void loop(){ //実行したいプログラムを記述：繰返し実行される
  rainbowCycle(0);   //虹色に光るパターン
  Strobe(0xFF,0xFF,0x00,10, 15, 100); //黄色で光るパターン
  rainbowCycle(0);
  Strobe(0x0B, 0x3B, 0x17, 10, 15, 100); //蛍光緑で光るパターン
  rainbowCycle(0);
  Strobe(0xDF, 0x3A, 0x01, 10, 15, 100); //オレンジで光るパターン
 }
```

コピーしたプログラムを Arduino IDE に貼り付けて、接続ピン（PIN）や LED の個数（NUM_LEDS）の指定を、自分の作るものに合わせて書き換えてくよ！ 書き換えるとこは基本的に上のほうにまとまってて、今回は「PIN」を 13、「NUM_LEDS」を 14 に指定してる。

光るサンバイザー／agemizawa

```
#include <Adafruit_NeoPixel.h> //NeoPixel LEDを光らせるためのライブラリ
#define PIN 13 //LEDのDINを接続したArduinoのピン
#define NUM_LEDS 14 //LEDの数

//NeoPixelライブラリの初期化
Adafruit_NeoPixel strip = Adafruit_NeoPixel(NUM_LEDS, PIN, NEO_GRB + NEO_KHZ800);
void setup(){   //Arduino初期設定：電源ON時・リセット時に実行される
  strip.begin();
  strip.show();
}

void loop(){ //実行したいプログラムを記述：繰返し実行される
  rainbowCycle(0);   //虹色に光るパターン
  Strobe(0xFF,0xFF,0x00,10, 15, 100); //黄色で光るパターン
  rainbowCycle(0);
  Strobe(0x0B, 0x3B, 0x17, 10, 15, 100); //蛍光緑で光るパターン
  rainbowCycle(0);
  Strobe(0xDF, 0x3A, 0x01, 10, 15, 100); //オレンジで光るパターン
 }

//虹色に光るパターン
void rainbowCycle(int SpeedDelay) {
  byte *c;
  uint16_t i, j;
  for(j = 0; j < 256 * 5; j++){
    for(i = 0; i < NUM_LEDS; i++){
      c=Wheel(((i * 256 / NUM_LEDS) + j) & 255);
      setPixel(i, *c, *(c+1), *(c+2));
    }
    strip.show();
    delay(SpeedDelay);
  }
}
byte * Wheel(byte WheelPos){
  static byte c[3];
  if(WheelPos < 85) {
   c[0] = WheelPos * 3;
   c[1] = 255 - WheelPos * 3;
   c[2] = 0;
  } else if(WheelPos < 170){
   WheelPos -= 85;
   c[0] = 255 - WheelPos * 3;
   c[1] = 0;
   c[2] = WheelPos * 3;
  } else {
   WheelPos -= 170;
   c[0] = 0;
   c[1] = WheelPos * 3;
   c[2] = 255 - WheelPos * 3;
  }
  return c;
}

//各色を指定して光るパターン
void Strobe(byte red, byte green, byte blue,
           int StrobeCount, int FlashDelay, int EndPause){
  for(int j = 0; j < StrobeCount; j++){
    setAll(red, green, blue);
    strip.show();
    delay(FlashDelay);
    setAll(0, 0, 0);
    strip.show();
    delay(FlashDelay);
  }
 delay(EndPause);
}

//共通関数
void setPixel(int Pixel, byte red, byte green, byte blue){
   strip.setPixelColor(Pixel, strip.Color(red, green, blue));
}
void setAll(byte red, byte green, byte blue){
  for(int i = 0; i < NUM_LEDS; i++){
    setPixel(i, red, green, blue);
  }
  strip.show();
}
```

16

もし書き込めなかったら、ボードを
"Arduino NG or older"に設定し
てみて！

Amazonとかで売ってるminiUSBタイ
プのマイコンボードはプロセッサを
"ATmega328P"に設定する！

シリアルポートは、PCや接続してる
USBポートによって番号が違うよ！
もしポート名の横に「（Arduino
Nano）」って名前が出てるものがあ
れば、それを選んでね！
Windowsの場合、ポート名は「COM
〇〇（数字）」の形で表示される！

マイコンボードを USB ケーブルで PC に接続したら、
メニューの「ツール」を選択して、それぞれ↓↓にな
るように設定するよ！
Ⓐ ボード："Arduino Nano"
Ⓑ プロセッサ："ATmega168"（microUSB の場合）
Ⓒ シリアルポート：（マイコンボードを接続したポート）

17

検証ボタンをクリックして、プログラムにエラーがな
いかチェックする！
「スケッチのフォルダの保存先」画面が出てくるから、
ファイル名を入力して「保存」をクリック。

18

「コンパイルが完了しました」というメッセージが出
たら、プログラムが書き込める状態になったというこ
と！ エラーが出て書き込めないときは、赤く表示され
る行の前後を確認してみたり、エラーメッセージをコ
ピーして解決方法を検索してみてね。

19
書き込み

プログラムが
正しいかチェック

設定できたら、書き込みボタンをクリックして、プロ
グラムをマイコンボードに書き込む！

完了メッセージが表示されたら、書き込み完了！

20

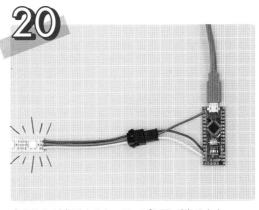

書き込みが完了すると、テープ LED が光るよ！

⭐ 仕上げ

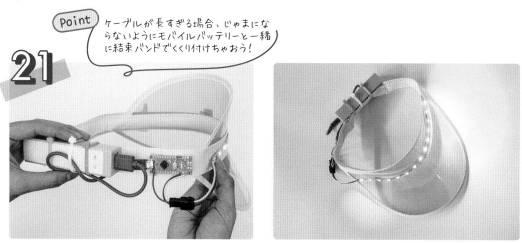

Point ケーブルが長すぎる場合、じゃまにならないようにモバイルバッテリーと一緒に結束バンドでくくり付けちゃおう!

21

いよいよサンバイザー登場! まずは LED テープをサンバイザーに貼り付けてくよ!
次にマイコンボードとモバイルバッテリーを USB ケーブルで接続! モバイルバッテリーは結束バンドでサンバイザーにくくり付けて、マイコンボードは両面テープで貼り付ける。

22

イエーイ!

最後に、接着剤でデコパーツをイケてる感じに貼り付けて、サンバイザーをデコレーションすれば **完成!**

第4章

テンアゲ②
もっと光らせたい！

ただ光るだけじゃない！
センサーやスイッチ、つまみを組み
合わせて光り方も盛ってくのがギャル
電流の電子工作！

1 センサーで光に バリエーションをつけたい

まお

> LEDを光らせる基本の電子工作に、音や距離に反応するセンサーを追加するだけで、いろいろ用途が広がるよ！ センサーは反応する対象によって種類がたくさんあるから、好きなものを探してみるのも楽しい！

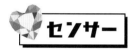

センサー

　センサーは、音、動き、光、距離、温度など、いろいろな物理的な状態の情報を集めてくれる。集めた情報は、機械が扱いやすいように電気の大きさやデータに変えてくれるよ☆

　センサーは身の回りの家電、PC、スマホ、自動車など、超いろんなものに使われてる！ 例えば、街灯の電気。夜になると勝手に点灯するのは、誰かが毎回スイッチを押してるわけじゃなくて、光を検知するセンサーが入ってて、空が暗くなってきたことを検知して点灯するという仕組み！

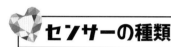

センサーの種類

　音センサー　センサーにマイクが付いてて、そこから拾った音を電気の大きさに変換して出力してくれるセンサーだよ！「音に反応して光るカセットテープ」（▷ p.74）も音センサーを使ってる！

　距離センサー　対象の物体までの距離を測るセンサー。超音波タイプと光タイプの2つがあって、どちらもセンサーから照射されて物体から戻ってくる超音波や光をもとに距離を測る仕組み！「ソーシャルディスタンシングボディバッグ」（▷ p.82）も超音波距離センサーを使って作ってるよ！

　加速度センサー　傾きや振動など、動いてる状態を検出するセンサー！ 前後・左右・上下の3方向の加速度を測ってくれるよ！ スマホやウェアラブルデバイスによく使われてて、例えば、スマホを横向きに持ち替えると自動で画面が横長の向きに切り替わるのも、加速度センサーの機能！

　光センサー　CdSセルという化学物質の性質を利用して、周りの光の強さによって電気抵抗の大きさが変わるというセンサー！ 光が強いと電気が通りやすくなり、光が弱いと電気が通りにくくなる！ 街灯や夜間灯には、このCdSセンサーがよく使われてるよ！

　その他　人や動物に反応する人感センサー、傾斜を測ってくれる傾きセンサー、心拍を測ってくれるハートビートセンサーなど、いろいろなセンサーがあるよ！ 自分がイケてると思うセンサーを、電子工作に取り入れて遊んでみよう！

基本的な処理の仕方

　配線方法はセンサーの種類によって違ってくるから、買ったセンサーのピン配置を説明書やデータシートで調べてね！ 極性（＋／−またはVCC／GND）は基本的にあるよ。あとは電子部品全般にいえることだけど、電源につながないと動かないって覚えとこう♡

　センサーで測ったデータの出力は、ほとんどの場合がアナログ出力！ だから、マイコンボードを使うときはアナログピンに接続することが多い。ただし、たまにデジタル出力のものもあるから、使うときは仕様や作例をよく確認してね！

　例として、音センサーのピン配置を見てみよう！ 写真を見ると、ピンは「OUT」「GND」「VCC」の3つがある。あとは、ボディに「VCC: 2.4−5.5V」と書いてあるね。

　ここで最初に考えることは、電源につなぐ方法。これは簡単で、VCCピン（＋）とGNDピン（−）を電源の＋と−にそれぞれつなげばOK！「VCC: 2.4−5.5V」とあるから、電源は2.4〜5.5Vのものを使う！ OUTピンは、センサーで検出したデータを伝えるためのピンで、アナログ出力だよ。

　Arduino Nano互換機に配線する場合は、VCC → 3.3Vまたは5Vのピン、GND → GNDピン、OUT → A0〜A5のどれか（アナログピン）につなぐ感じになる！

Point

テープLEDは「+5V」「Din」「GND」ってあったけど、音センサーのVCCと「+5V」、GNDと「GND」は同じような役割を持ってるよ。ただし、テープLEDの「Din」は「Data in」という意味で、マイコンボードから光り方のデータを取り込んでたけど、音センサーは「OUT」だから、センサーからマイコンボードにデータを送ってる！

爆上げ☆ビート！音に反応して光るカセットテープ

基本的なテープ LED の回路に音センサーを追加して、周りの音に反応して光るテープ LED を作るよ！ 音楽じゃなく、ビッカビカに光る LED をカセットテープに入れるという、時代の魁ファッションアイテムをさっそく作ってみよう☆

♥ 材料

- ☆ Arduino Nano 互換機 [1] ── 1 個
- ☆ テープ LED
  [NeoPixel WS2812B] [3]
  ──────── 16.5cm × 1 本
- ☆ 音センサー [マイクアンプモジュール ADA-1063] [2] ── 1 個
- ☆ 3 本線のコネクタ付き電線 [4]
  ──────── オス・メス各 10cm
- ☆ 配線用の電線（赤・緑・白）[5]
  ──────────── 各 5cm
- ☆ カセットテープ [9] ──── 1 個
- ☆ 9V 電池 [7] ─────── 1 個
- ☆ 電池スナップ（9V 電池用）[8]
  ──────────────── 1 個
- ☆ 結束バンド [6] ──── 2～3 本
- ☆ デコパーツ [10] ── 好きなだけ

カセットテープの幅×2 の長さがあればOk！

AliExpressで microUSBで接続できろものを買ったよ！

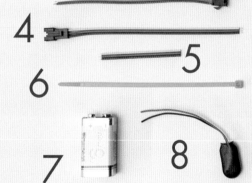

LEDをきれいに見せたいから、本体が透けるタイプがオススメ！

♥ 工具

- ✧ はんだ・はんだごて
- ✧ ワイヤーストリッパー
- ✧ ニッパー
- ✧ ドライバー
- ✧ マスキングテープ
- ✧ 両面テープ
- ✧ PC
- ✧ microUSB ケーブル
  （使用するマイコンボードの端子に合ったケーブル）

 配線図

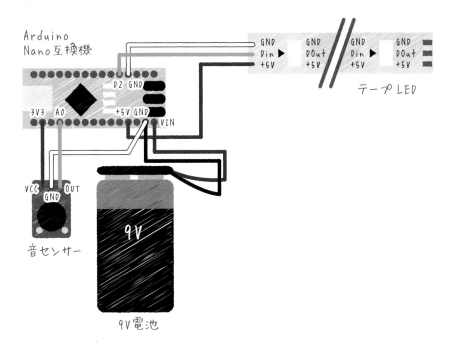

テープLED

音センサー

9V

9V電池

Arduino Nano互換機		テープLED
+5V	⬌	+5V
D2	⬌	Din
GND	⬌	GND

Arduino Nano互換機		音センサー
3V3	⬌	VCC
A0	⬌	OUT
GND	⬌	GND

Arduino Nano互換機		電池スナップ (9V電池用)
VIN	⬌	+(赤線)
GND	⬌	ー(黒線)

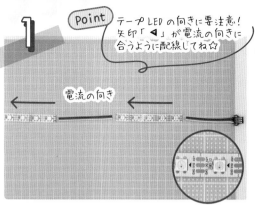

1

Point テープLEDの向きに要注意！ 矢印「◀」が電流の向きに合うように配線してね☆

電流の向き ←←

テープLEDをカセットテープの幅に合わせて（ここではLEDの粒5個分）2本にカット！配線用の電線とコネクタ付き電線も、半分くらい（今回は5cm）の長さにカットしておく。配線は写真のようにしてね！
写真右側のメスのコネクタは、最後にマイコンボード側のオスのコネクタとつなげるよ！

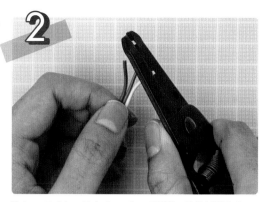

2

次に、ワイヤーストリッパーで電線の絶縁被覆を2mmくらいはぎ取る。
配線用電線の両側とコネクタ付き電線（メス）の片側、合計9か所で同じようにするよ！

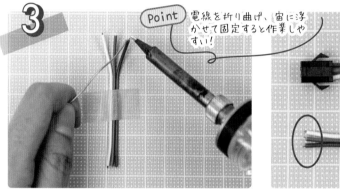

3

Point 電線を折り曲げ、宙に浮かせて固定すると作業しやすい！

絶縁被覆をはぎ取ったところに、予備はんだするよ（▷ p.32）。銅線に染み込ませるようにして、はんだを溶かしてね。

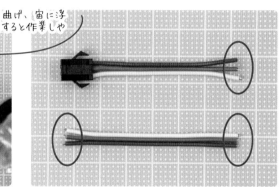

同じように全部で9か所やってく！

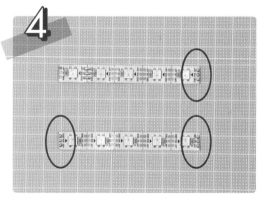

4

同じように、テープLEDにも予備はんだする！写真の9か所、いい感じに予備はんだしてこう！

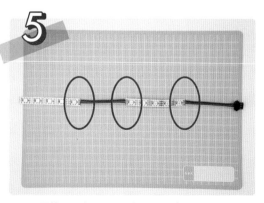

5

LEDの配線は、赤→＋5V、緑→Din／DOut、白→GNDになるように、9か所はんだ付けする！

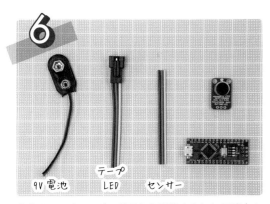

9V電池　テープ　LED　センサー

今度は、マイコンボード周りを配線するよ！ 写真左から、それぞれ 9V 電池、テープ LED、センサーとマイコンボードをつなぐ！

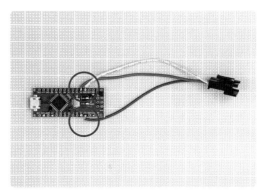

まずは、マイコンボードにコネクタ付き電線（オス）をはんだ付けで配線。テープ LED と同じように、電線とマイコンボードに予備はんだをしてから付けるとラクチン！
電線の色は、赤→＋5V、緑→D2、白→GND に配線する！

次に、マイコンボードとセンサーをはんだ付けで接続するよ！ センサーの予備はんだも、やり方はテープ LED と同じ！

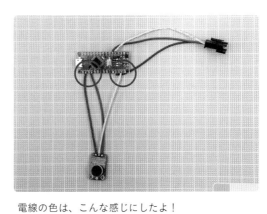

電線の色は、こんな感じにしたよ！
- 赤：【センサー】VCC →【マイコン】＋3V3
- 緑：【センサー】OUT →【マイコン】A0
- 白：【センサー】GND →【マイコン】GND

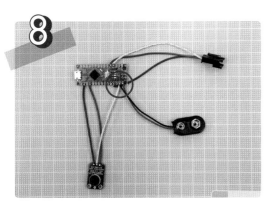

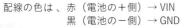

最後に、電池スナップをマイコンボードにはんだ付けする。センサーの配線と重なるところは、上からくっつけちゃえば OK ！
配線の色は 、赤（電池の＋側）→ VIN
　　　　　　黒（電池の−側）→ GND

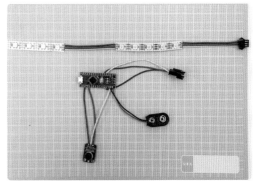

これで配線は完璧☆

プログラミング

9　LEDが音に反応して光るように、プログラムを書き込んでくよ！
マイコンボードの開発環境は、「光るサンバイザー」の手順❻〜⓭（▷ p.66）を読んで、いい感じに整えておこう！

カセットテープ／ cassette

```
#include <Adafruit_NeoPixel.h> //NeoPixel LEDを光らせるためのライブラリ
#include <math.h> //数学の関数を使うためのライブラリ
#define LED_PIN 2   //LEDのDINを接続したArduinoのピン
#define NUM_LEDS 10   //LEDの数
#define MIC_PIN A0   //センサーを接続したArduinoのピン
#define SAMPLE_WINDOW 10
#define PEAK_HANG 24
#define PEAK_FALL 4
#define INPUT_FLOOR 10
#define INPUT_CEILING 300
byte peak = 16;
unsigned int sample;

byte dotCount = 0;
byte dotHangCount = 0;

//NeoPixelライブラリの初期化
Adafruit_NeoPixel strip = Adafruit_NeoPixel(NUM_LEDS, LED_PIN, NEO_GRB + NEO_KHZ800);
void setup(){   //Arduino初期設定：電源ON時・リセット時に実行される
  strip.begin();
  strip.show(); //LEDを「オフ」に設定
}

void loop(){   //実行したいプログラムを記述：繰返し実行される
  unsigned long startMillis = millis();
  float peakToPeak = 0;
  unsigned int signalMax = 0;
  unsigned int signalMin = 1023;
  unsigned int c, y;

  while (millis() - startMillis < SAMPLE_WINDOW){
    sample = analogRead(MIC_PIN);
    if (sample < 1024){
      if (sample > signalMax){
        signalMax = sample;
      } else if (sample < signalMin){
        signalMin = sample;
      }
    }
  }
  peakToPeak = signalMax - signalMin;

  for (int i = 0; i <= strip.numPixels() - 1; i++){
    strip.setPixelColor(i, Wheel(map(i, 0, strip.numPixels() - 1, 30, 150)));
  }

  c = fscale(INPUT_FLOOR, INPUT_CEILING, strip.numPixels(), 0, peakToPeak, 2);

  if (c < peak){
    peak = c;
    dotHangCount = 0;
  }

  if (c <= strip.numPixels())
    drawLine(strip.numPixels(), strip.numPixels() - c, strip.Color(0, 0, 0));

  y = strip.numPixels() - peak;
  strip.setPixelColor(y - 1, Wheel(map(y, 0, strip.numPixels() - 1, 30, 150)));
  strip.show();

  if (dotHangCount > PEAK_HANG){
    if (++dotCount >= PEAK_FALL){
```

> LEDの数やピンの指定は
> 自分の作る環境に合わせて
> 書き換えてね！

```
      peak++;
      dotCount = 0;
    }
  } else {
    dotHangCount++;
  }
}
void drawLine(uint8_t from, uint8_t to, uint32_t c){
  uint8_t fromTemp;
  if (from > to){
    fromTemp = from;
    from = to;
    to = fromTemp;
  }
  for (int i = from; i <= to; i++){
    strip.setPixelColor(i, c);
  }
}
float fscale(float originalMin, float originalMax, float newBegin,
             float newEnd, float inputValue, float curve){
  float OriginalRange = 0;
  float NewRange = 0;
  float zeroRefCurVal = 0;
  float normalizedCurVal = 0;
  float rangedValue = 0;
  boolean invFlag = 0;

  if (curve > 10) curve = 10;
  if (curve < -10) curve = -10;
  curve = (curve * -.1);
  curve = pow(10, curve);

  if (inputValue < originalMin) inputValue = originalMin;
  if (inputValue > originalMax) inputValue = originalMax;
  OriginalRange = originalMax - originalMin;

  if (newEnd > newBegin){
    NewRange = newEnd - newBegin;
  } else {
    NewRange = newBegin - newEnd;
    invFlag = 1;
  }

  zeroRefCurVal = inputValue - originalMin;
  normalizedCurVal  =  zeroRefCurVal / OriginalRange;

  if (originalMin > originalMax) return 0;
  if (invFlag == 0){
    rangedValue =  (pow(normalizedCurVal, curve) * NewRange) + newBegin;
  } else {
    rangedValue =  newBegin - (pow(normalizedCurVal, curve) * NewRange);
  }
  return rangedValue;
}
uint32_t Wheel(byte WheelPos){
  if (WheelPos < 85){
    return strip.Color(WheelPos * 3, 255 - WheelPos * 3, 0);
  } else if (WheelPos < 170){
    WheelPos -= 85;
    return strip.Color(255 - WheelPos * 3, 0, WheelPos * 3);
  } else {
    WheelPos -= 170;
    return strip.Color(0, WheelPos * 3, 255 - WheelPos * 3);
  }
}
```

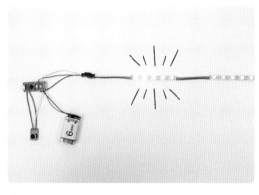

10

```
 Arduino   ファイル   編集

sketch_apr07a §
#include <Adafruit_NeoPixel.h>
#include <math.h> //数学の関数を使
#define LED_PIN 2 //LEDのDINを接
#define NUM_LEDS 10 //LEDの数
#define MIC_PIN A0 //センサーを接
#define SAMPLE_WINDOW 10
```

プログラムができたら、書き込みボタンをクリックしてマイコンボードに書き込む！書き込み設定は「光るサンバイザー」（▷ p.69 の手順 **16**〜**18**）と同じだよ。

書き込みが完了したら、コネクタのオスとメス、9 V 電池をつないで音を立ててみて！ LED が反応して光るよ！！

⭐ **仕上げ**

11

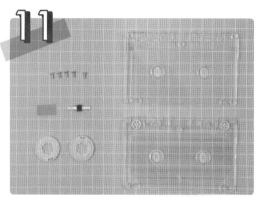

いよいよ組み立て！ はんだ付け＆プログラミングしたものをカセットテープに貼り付けてくよ！
カセットテープは、ネジを外して、中身のテープは捨てておく。

12

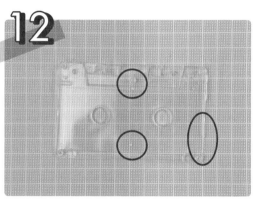

カセットテープの中に LED を入れる前に、じゃまになる部分をニッパーで切り取るよ。
まずは、カセットテープを分解した内側にある 2 か所の突起！ あとは、配線の出口になるように側面を一部切り取って、スリット状のすきまを開ければ OK ！

13

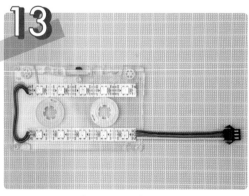

なんとなくテープ LED を貼る位置を決めたら、LED の裏側に付いてる粘着テープ部分を、カセットテープの中に貼り付けちゃえ！

14

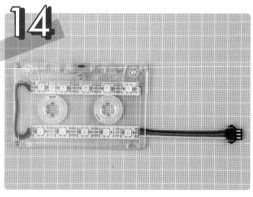

カセットテープの分解したもう片方を上からかぶせて、ネジを止めれば、完成まであとちょっと！

15

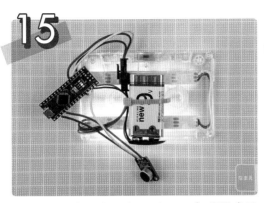

コネクタをつないだら、カセットテープの裏側（LEDの裏側が見えるほう）に、結束バンドで9V電池と配線をくくり付ける！ 結束バンドの余った部分は、ニッパーで切り取っちゃえばOK。

16

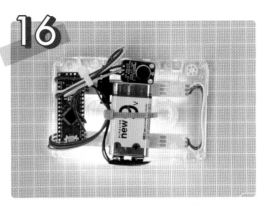

マイコンボードやセンサーを両面テープなどで固定してく！ 配線がでろーんってなってる部分は、結束バンドで束ねると◎

17

イエーイ！

デコ用のキーホルダーを付けたり、首にかけられるようにネックレスを取り付ければ **完成！**

LEDの光り方で距離がわかる！

ソーシャルディスタンシングボディバッグ

超音波距離センサーは、スピーカーから出力した超音波がセンサーの前方にある物体に
ぶつかって戻って来るまでの時間を計算することで、距離を測るセンサー。
マイコンボードやテープLEDと組み合わせて、前にあるものと1m以上離れてるときは青、
1m以下のときは赤でLEDが光るような、ソーシャルディスタンスがわかるボディバッグ
を作ってみよう！

♦ 材料

☆ イケてるボディバッグ［1］ ———————— 1個

☆ Arduino Nano 互換機［7］ — 1個

☆ 超音波距離センサー［HC-SR04］
［6］ ———————————————————— 1個

☆ テープLED
［NeoPixel WS2812B］［2］
—— 25cm（バッグの幅に合わせる）× 1本

☆ モバイルバッテリー［4］ ——— 1個

☆ 3本線のコネクタ付き電線［3］
————————————— オス・メス各10cm

☆ 配線用の電線（ピンク・緑・青・白）［5］
——————————————————— 各10cm

☆ microUSB ケーブル ——————— 1本

*microUSBで接続
できるもの。
AliExpressで
買ったよ〜！*

長さは10cm以上あればOk！

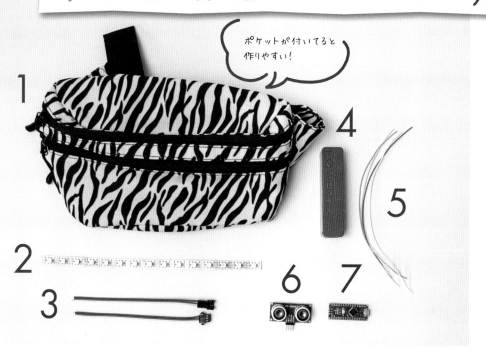

*ポケットが付いてると
作りやすい！*

1
4
5
2
3
6
7

♦ 工具

✧ はんだ・はんだごて
✧ ワイヤーストリッパー
✧ マスキングテープ
✧ ハサミ

✧ PC
✧ ホットボンド
✧ 多用途接着剤

82

 配線図

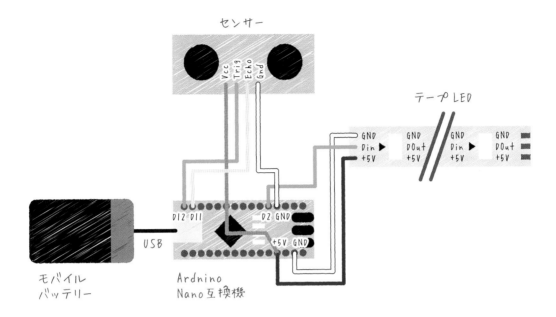

センサー

Vcc Trig Echo Gnd

テープ LED

GND		GND		GND		GND	
Din ▶		DOut		Din ▶		DOut	
+5V		+5V		+5V		+5V	

D12 D11 D2 GND

+5V GND

USB

モバイル
バッテリー

Ardnino
Nano互換機

Arduino Nano互換機		テープ LED
+5V	⟷	+5V
D2	⟷	Din
GND	⟷	GND

Arduino Nano互換機		センサー（HC-SR04）
+5V	⟷	Vcc
D12	⟷	Trig
D11	⟷	Echo
GND	⟷	Gnd

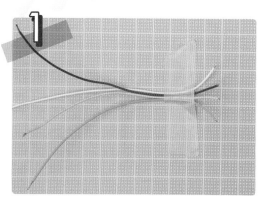

電線の絶縁被覆を、片側 2mm、反対側 5mm、ワイヤーストリッパーでむいてね。

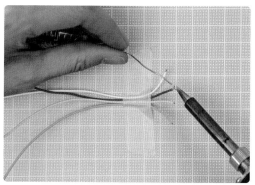

4本とも同じようにむいたら、各電線の両側、計8か所に予備はんだするよ。

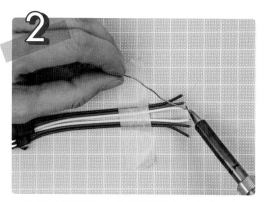

コネクタ付き電線も、絶縁被覆を 2mm むく。オス・メス両方同じようにむいたら、計6か所に予備はんだをしておこう。

センサーのピンに予備はんだして、電線の絶縁被覆を 5mm むいた側を1本ずつはんだ付けする。

電線の色に決まりはないけど、どの電線がどのピンにつながってるか、自分がわかりやすいようにしておこう！ 今回はピンク→ Vcc（電源）、緑→ Trig（トリガー）、黄→ Echo（受信）、白→ Gnd（グランド）に配線したよ！

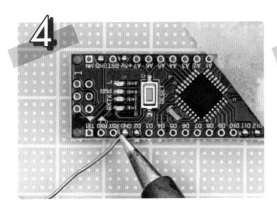

④

今度はマイコンボードのピン穴（＋5V、GND（上下2か所）、D2、D11、D12）に予備はんだする！

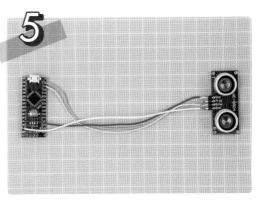

⑤

センサーとマイコンボードを配線するよ！
- ピンク：【センサー】Vcc → 【マイコン】+5V
- 緑　　：【センサー】Trig → 【マイコン】D12
- 黄　　：【センサー】Echo → 【マイコン】D11
- 白　　：【センサー】Gnd → 【マイコン】GND

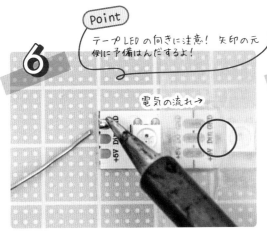

Point

テープLEDの向きに注意！ 矢印の元側に予備はんだするよ！

⑥

電気の流れ→

テープLEDに予備はんだする。

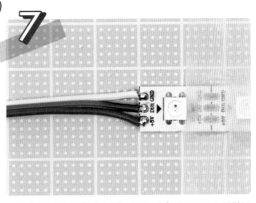

⑦

コネクタ付き電線（メス）をテープLEDにはんだ付けする（コネクタはピンがないほうがメス！）。
配線の色は、赤→＋5V、緑→Din、白→GNDだよ。

⑧

コネクタ付き電線（オス）をマイコンボードにはんだ付けする。
配線の色は、赤→＋5V、緑→D2、白→GNDにそれぞれ接続！
先につないだ電線と同じピンにつなぐときは、上から重ねても大丈夫だよ！

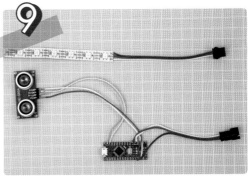

⑨

テープLEDとマイコンボードをコネクタでつないだら、配線周りは完成！

プログラミング

10

センサーが測定した距離によって LED の色が変わるようにプログラミングしよう！ まずは準備として、「光るサンバイザー」の手順⑥〜⑬（▷ p.66）を読んで、マイコンボードの開発環境を作っておく。
準備ができたら Arduino IDE を起動して、メニューから「スケッチ」→「ライブラリをインクルード」→「ライブラリを管理」をクリック！

11

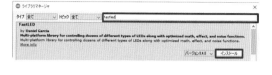

ライブラリマネージャの検索窓に「fastled」と入力して検索！ 検索結果から「FastLED」の最新バージョンを選択して、「インストール」ボタンをクリックしてね。FastLED のインストールが完了したら、ライブラリマネージャ画面、Arduino IDE 画面を閉じて一度 Arduino IDE を終了し、再度起動する！

12

マイコンボードを、センサーとテープ LED がつながった状態で PC に接続しておく！
新規ファイルに、次のプログラムを書き込む。コピペして作っても OK ！

ボディバッグ／ gyarudistanceporch

```
#include <FastLED.h> //テープLEDを光らせるためのライブラリ
#define PIN 2 //LEDのDINを接続したArduinoのピン
#define NUM_LEDS 15 //LEDの数
const int trigPin = 12; //センサーのTrigを接続したArduinoのピン
const int echoPin = 11; //センサーのEchoを接続したArduinoのピン
CRGB leds[NUM_LEDS]; //テープLEDの配列初期設定用（変更しない）

void setup(){ //Arduino初期設定：電源ON時・リセット時に実行される
  Serial.begin(9600); //シリアル通信を9600bpsで初期化
  FastLED.addLeds<NEOPIXEL, PIN>(leds, NUM_LEDS); //FastLEDライブラリの初期化
  pinMode(trigPin, OUTPUT); //距離センサーのTrigを接続したArduinoピンの初期設定
  pinMode(echoPin, INPUT);  //距離センサーのEchoを接続したArduinoピンの初期設定
}
void loop(){  //実行したいプログラムを記述：繰返し実行される
  long duration; //距離を格納する変数
  long cm; // [ cm ] 単位に変換された距離を格納する変数
  digitalWrite(trigPin, LOW); //超音波をオフにする
  delayMicroseconds(2); //2マイクロ秒待機
  digitalWrite(trigPin, HIGH); //超音波を出力する
  delayMicroseconds(10); //10マイクロ秒待機
  digitalWrite(trigPin, LOW); //超音波をオフにする
  duration = pulseIn(echoPin, HIGH); //センサーからの入力を変数durationに代入
  cm = duration /29 /2; //センサーからの入力を [ cm ] 単位に変換して変数cmに代入
  //シリアルモニタにセンサーから受け取った距離（単位：cm）を表示
  Serial.print(cm);
  Serial.print("cm");
  Serial.println();

  if (cm <= 100){ //計測距離が100cm以下の場合、LEDを赤で点灯
    fill_solid( &(leds[0]), NUM_LEDS, CRGB::Red);
    FastLED.show();
  } else if (cm >= 101){ //計測距離が101cm以上の場合、LEDを青で点灯
    fill_solid( &(leds[0]), NUM_LEDS, CRGB::Blue);
    FastLED.show();
  }
  delay(100); //100ミリ秒（ 0.1秒）待つ
}
```

86

13

gyarudistanceporch

書き込み設定とコンパイル（▷ p.69 の手順**16**〜**18**）ができたら、書き込みボタンをクリックするよ！

14

完了メッセージが表示されたら、書き込み完了！

15

ツール　ヘルプ

自動整形
スケッチをアーカイブする
エンコーディングを修正
ライブラリを管理…
シリアルモニタ
シリアルプロッタ

書き込んだプログラムがちゃんと動くか、動作確認してみるよ！
PC にマイコンボードを接続したまま、「ツール」→「シリアルモニタ」をクリックしよう。

16

開いた画面の右下にある「bps」の選択肢を「9600bps」に設定すると、センサーが測定した距離が表示されるよ。
センサーの前に手をかざしたりして、表示値や LED の色がどう変わるか確認してみよう！ 100cm 以下で赤色、101cm 以上で青色に光れば OK ！
動作確認ができたら Arduino IDE を終了して、PC からマイコンボードを取り外してね。

★ 仕上げ

17

いよいよ組み立ててこう！ バッグの上にセンサーとテープ LED を置いてみて、貼り付ける場所を決めるよ。

18

配置が決まったら、センサーを取り付けたい場所の上に印を付けて、配線を通すための穴を開けるよ。5cm くらいあれば、縦向きにならギリギリ、センサーを通せる！ 裏地があるタイプのバッグは、裏地にもしっかり切り込みを入れてね。

センサーを穴に通すよ。

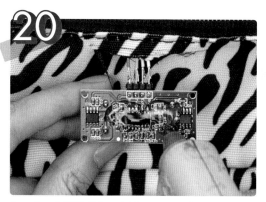

センサーと配線部分の裏側にホットボンドを塗ってね。はんだ付けの上から塗っても大丈夫！

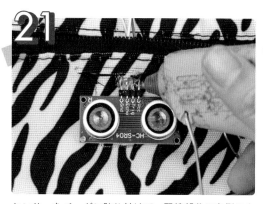

センサーをバッグに貼り付けて、配線部分の表側にもはんだ付けの上からホットボンドを塗るよ。
表側はくっつけるわけじゃないけど、簡易的に電線を保護できるからホットボンドで塗り固めてる！

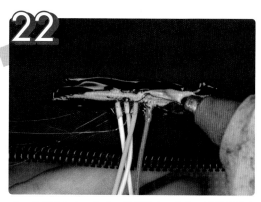

バッグ外側のホットボンドが固まったら、配線を固定するため、バッグ内側の切り込みにもホットボンドを塗る！

今度はテープLEDを取り付けてくよ。LEDとマイコンボードをつなぐコネクタは、一旦外しとく。
LEDの配線を通す場所に印を付けて、穴を開ける。穴のサイズは、コネクタが通ればOK（2cmくらい）！
穴にLEDのコネクタを通して、電線の部分はバッグの中にしまっちゃおう。

テープLEDの裏に付いてる粘着テープのはくり紙をはがして、接着面の上からさらに多用途接着剤を塗るよ。

テープ LED を貼り付けるよ。LED が浮き上がってこないように、端から LED とバッグを指ではさんで、接着面が動かなくなるまでしっかり押さえてね。

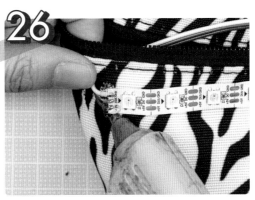

テープ LED の配線部分と穴全体をホットボンドで塗り固める！

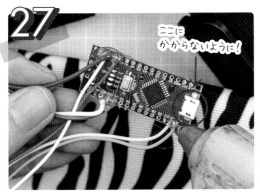

マイコンボードの配線部分もホットボンドで塗り固めるよ。このとき、USB ケーブルを接続する金具にホットボンドがかからないように注意してね！

マイコンボードと LED 間のコネクタをカチッとはめる。microUSB ケーブルでマイコンボードにモバイルバッテリーを接続したら、いよいよ電源 ON！

バッグの中にマイコンボードとモバイルバッテリーをしまっちゃえば、ソーシャルディスタンシングボディバッグの

完成！

2 スイッチ＆つまみで 光り方もデコりたい

電子工作アクセサリーをイベントやパーティーで使いたいとき、モバイルバッテリーを直接抜き差しして電源をON/OFFするのは、ちょっとカッコ悪い↘↘ 簡単＆カッコよくON/OFFするために、スイッチを使ってみよう！ つまみを使えば、色や光り方のパターンも変えられるよ！

まお

♦ スイッチ

スイッチは、電気をON/OFFしたり、電気の流れを変えたりするもの！ 押す・スライドする・回すなど、いろいろな種類のスイッチがあって、使う用途に合わせて選んでるよ！

部屋のライトとか、家電のボタンにも、実は内部にスイッチが使われてる！ うちらも電子工作でよく使ってるよ！ 例えば、電源をON/OFFしたり、LEDの光り方のモードを切り替えたり！ 形や種類のバリエーションが多いから、用途も大事だけど形のかわいさも重視してる♡

♦ スイッチの種類

★ スライドスイッチ

スライドスイッチは、名前のとおり、つまみを横にスライドさせて電気の流れを切り替えるスイッチだよ☆ 単純な構造だから扱いやすいし、サイズも小さいものが多い！ ラジコンカーや動くぬいぐるみなど、おもちゃにもよく使われてる。

うちらがよく使うのは、3本足のタイプ。図のように、付けたり消したりしたい電気回路上に配線する！ 電源のON/OFFに使う場合は、3本足のうち1本は使わず、隣どうしの2本だけ使うよ！ 回路の切り替えに使う場合は、3本配線して使うこともある。6本足タイプのスライドスイッチを使えば、2つの回路を同時にON/OFFできるよ。

ギャル電は主に電源のON/OFFに使ってる！ 片足は電源の＋側につないで、もう片足をマイコンボードのVINにつなぐだけでOK。スライドスイッチには＋/－がないので、向きは気にしなくても大丈夫だよ！

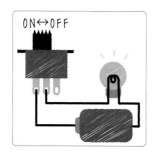

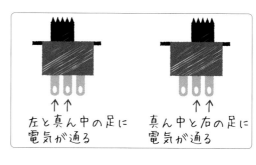

左と真ん中の足に電気が通る　　真ん中と右の足に電気が通る

✦ 押ボタンスイッチ

　ボタンを押して電気をコントロールするスイッチ。ボタンを押すごとに ON ／ OFF が切り替わるタイプと、ボタンを押してる間だけ電気が流れ、離すと流れなくなるタイプがあるよ！ いろいろなところに使われてて、エレベーターやリモコン、レストランの呼出ボタンも押ボタンスイッチ！

　押ボタンスイッチの足は 2 本で、マイコンボードに配線するときは、片足をデジタルピン（D2 ～ D13）、もう片足を GND ピンにつなぐ。＋／－がないから、逆向きになっちゃっても OK！

✦ タクトスイッチ

　押ボタンスイッチと似てるけど、押ボタンより平べったくて、触った感じがペタペタしてるスイッチ。押ボタンスイッチと違って、基本的にはボタンを押してる間だけ電気が流れるよ！ 炊飯器・洗濯機など家電製品のスイッチとか、マウスのボタンもタクトスイッチが多い！ 正式には「タクタイルスイッチ」というらしいけど、インターネットで買うときに検索しやすいのは「タクトスイッチ」！

　足は 4 本あるんだけど、スイッチの内部で 2 本ずつつながってるから、実際に配線するのは内部でお互いにつながってない足（四角形で、同じ側に付いてる 2 本）。マイコンボードに配線するときは、隣どうしの 2 本足のうち片方をデジタルピンに、もう片方を GND ピンにつなぐよ。タクトスイッチも＋／－は決まってないから、逆向きに配線しても大丈夫。

　ただし、回路につなぐ 2 本の足は、元から内部でお互いにつながってるものどうしだと、スイッチの意味がなくなるよ！ つなぐ足を間違えないように要注意！

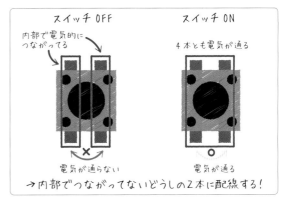

✦ その他のスイッチ

　トグルスイッチも使うことがあるよ！ レバーを左右に動かすことで電気を切り替えるスイッチ☆ 見た目がかっこいいから、ちょっと凝りたいときとか、自作シンセサイザーとかを作るときにトグルスイッチを使ってる！ 2 段階、3 段階で切り替えるタイプのものがあって、配線方法はスライドスイッチとほぼ同じだよ♡

　この他にも、ロッカースイッチ、ロータリースイッチ、ディップスイッチ、マイクロスイッチなど、いろいろなスイッチがあるよ！ 作りたいものに合わせて、かっこいいもの、かわいいものを探してみてね！

つまみ

　つまみは、ぐるぐる回して音のボリュームとか LED の明るさ・色を変えられるようにしたいときに使う！

　何でぐるぐる回すだけで変えられるのかっていうと、実は、つまみの下に「可変抵抗器」が隠れてる！ 普通の抵抗器だと電流を制限する量はずっと同じだけど、可変抵抗器だと、制限する量を変えることができる。その可変抵抗器のコントロールに、つまみを使うってわけ。

　可変抵抗器には、足が 3 本あるよ！ 見分けが付きやすいように、つまみを回す側（オモテ側）から見て左の足から「1 番」「2 番」「3 番」と割り振ることが多い！

　つまみをひねることで単純に電気抵抗を変えたい場合、回路中に 1 番ピンと 2 番ピンを配線すればOK！ プラスアルファで、マイコンボードと組み合わせて（光の色とか）変化を付けたい場合は、1 番→＋5V、2 番→アナログピン、3 番→ GND ピンに配線する！

　かわいい形や色のつまみも多くて、ギャル電は LED の光り方のバリエーションを増やしたいときに使ってるよ！ LED につまみを足して、さらに盛ってこう！！！☆☆☆

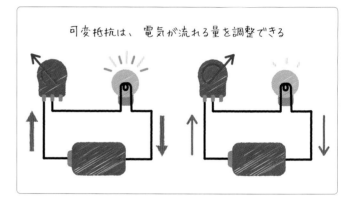

可変抵抗は、電気が流れる量を調整できる

つみまみの「＋」「ー」は
極性ではなく、流れる
電流の量の「多い」
「少ない」を表すよ！

スライドスイッチ付き 光るデコサンバイザー

3章「テープ LED で光らせよう！」（▷ p.62）で作ったサンバイザーを、スライドスイッチと 9V 電池で ON／OFF できるようにカスタマイズしてみよう！

♥ 材料

☆ スライドスイッチ［2］ ────── 1 個

☆ Arduino Nano 互換機＋テープ LED の配線済みユニット［5］
────── p.62 ～で作成したもの

☆ 9V 電池［1］ ────── 1 個

☆ 電池スナップ（9V 電池用）［3］
────── 1 個

☆ 結束バンド［4］ ────── 1 ～ 2 本

☆ デコ済みサンバイザー［6］
────── 1 個

コネクタ付き電線で作った場合は、LEDはサンバイザーに貼ったままでコネクタを外すだけでOk！

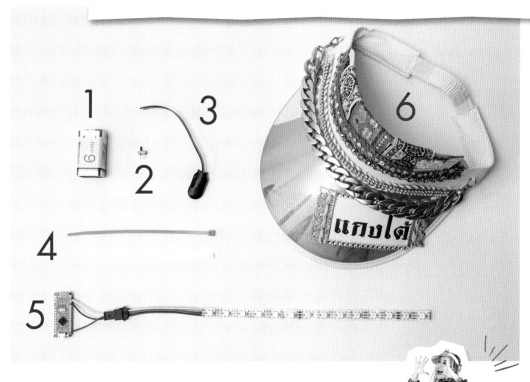

1
2
3
4
5
6

♥ 工具

✦ ニッパー
✦ ワイヤーストリッパー
✦ はんだ・はんだごて
✦ 両面テープ

93

 配線図

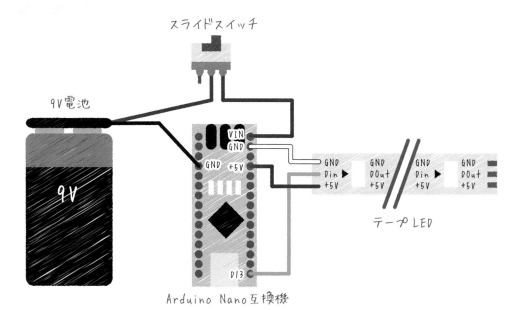

スライドスイッチ

9V電池

9V

VIN
GND
GND   +5V

D13

Arduino Nano互換機

GND   GND   GND   GND
Din ▶   DOut   Din ▶   DOut
+5V   +5V   +5V   +5V

テープLED

配線済み

Arduino Nano互換機		テープLED
+5V	⟷	+5V
D13	⟷	Din
GND	⟷	GND

Arduino Nano互換機		電池スナップユニット※
VIN	⟷	＋（赤線／スイッチ側）
GND	⟷	－（黒線）

※ 9V電池スナップにスライドスイッチを配線したユニットだよ！ 電池スナップの赤線を真ん中あたりで
切断して、スイッチを配線してる（▷ p.95 の手順1〜4）。

♥ 作り方

1

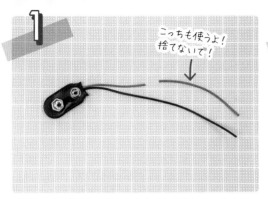

こっちも使うよ！
捨てないで！！

電池スナップの赤の電線を真ん中あたりでカットする。

2

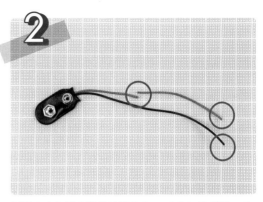

写真の4か所の絶縁被覆を2mmくらいはぎ取って、予備はんだする。

3

Point 3本中2本だけ使うよ！位置はどこでもいいけど、必ず隣どうしの2本にしてね☆

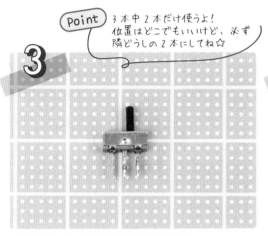

スライドスイッチの足に予備はんだする。

4

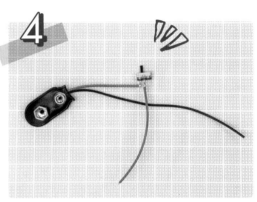

電池スナップの赤の電線と1でカットした赤の電線を、スライドスイッチにはんだ付けする。

5

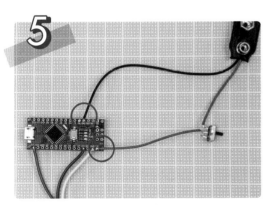

マイコンボードに電池スナップを配線する。VIN ピン、GND ピンに予備はんだしておくとラク！
電線の色は、赤→VIN、黒→GND に配線するよ！

6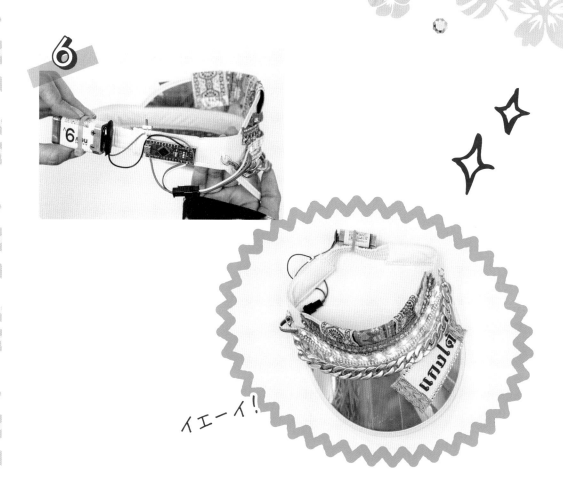

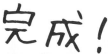
イエーイ!

マイコンボードは両面テープ、9V電池は結束バンドで、サンバイザーに取り付ける。
電線をうまく整理しつつ、スライドスイッチも両面テープでサンバイザーに貼り付けるよ! ホットボンドで貼り付けちゃうのもアリ!
電池に電池スナップをはめ込み、スライドスイッチで光のON／OFFが確認できたら 完成!

タクトスイッチ付き 光るデコサンバイザー

今度は、ワンタッチで光り方のパターンも変えられるようにカスタマイズしてみよう！スライドスイッチで ON／OFF できるようにしたサンバイザー（▷ p.93）に、さらにタクトスイッチを配線してく！！

♡ 材料

- ☆ タクトスイッチ（上）、キャップ（下）[3] ──── 各 1 個
- ☆ 9V 電池＋スライドスイッチ＋Arduino Nano 互換機＋テープ LED の配線済みユニット [4] ──── p.93 ～で作成したもの
- ☆ 配線用の電線（緑・白）[2] ──── 各 5cm
- ☆ 結束バンド [1] ──── 1 ～ 2 本
- ☆ デコ済みサンバイザー [5] ──── 1 個

> コネクタ付き電線で作った場合は、LED はサンバイザーに貼ったままでコネクタを外すだけで Ok！

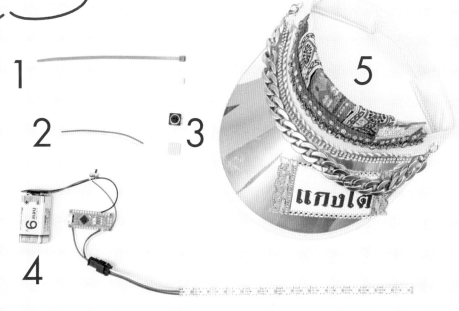

♡ 工具

- ✧ ニッパー
- ✧ ワイヤーストリッパー
- ✧ はんだ・はんだごて
- ✧ PC
- ✧ microUSB ケーブル（使用するマイコンボードの端子に合ったケーブル）
- ✧ 両面テープ
- ✧ マスキングテープ

♥ 配線図

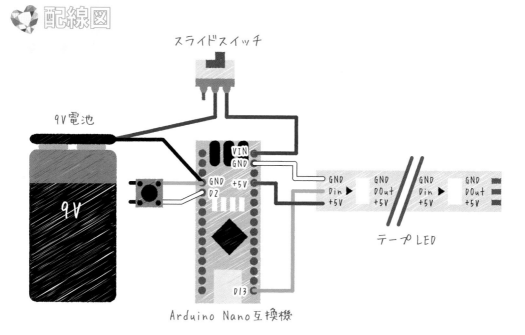

スライドスイッチ

9V電池

VIN
GND

GND
D2 +5V

9V

GND
Din ▶
+5V

GND
DOut
+5V

GND
Din ▶
+5V

GND
DOut
+5V

テープLED

D13

Arduino Nano互換機

配線済み

Arduino Nano互換機		テープLED
+5V	⟺	+5V
D13	⟺	Din
GND	⟺	GND

Arduino Nano互換機	⟺	電池スナップユニット※
VIN	⟺	＋（赤線／スイッチ側）
GND	⟺	－ （黒線）

※ 9V電池スナップにスライドスイッチを配線したユニットだよ！ 電池スナップの赤線を真ん中あたりで
切断して、スイッチを配線してる（▷ p.95 の手順 ❶〜❹）。

Arduino Nano互換機		タクトスイッチ
D2	⟺	いずれかの足
GND	⟺	上記の足と同じ側の足

※ マイコンボード⇔タクトスイッチ間の配線は逆になっても OK！

❤ 作り方　　🍀 配線

1

タクトスイッチの足を平らになるように折り曲げて、
片側の足 2 本は切り落とす。

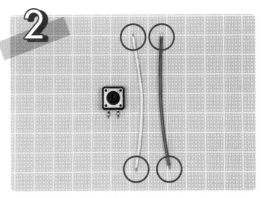

2

配線用の電線（緑・白）の絶縁被覆を各 2mm くらい
はぎ取り、電線の 4 か所とタクトスイッチの足 2 か所
に予備はんだする。

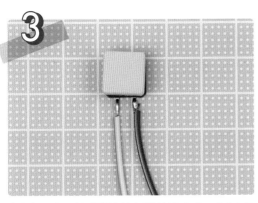

3

タクトスイッチに電線をはんだ付けしたら、タクトス
イッチのキャップをかぶせる！

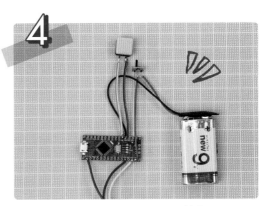

4

マイコンボードにタクトスイッチを配線する。
電線の色は、白→ D2、緑→ GND ！タクトスイッチは
＋／－がないので、色が逆になっても大丈夫だよ！

🍀 プログラミング

5

タクトスイッチを押すと光り方が変わるようにしたい
から、5 パターンの光り方のプログラムを作ってくよ！
先に準備として、「光るサンバイザー」の手順**6**〜**13**
（▷ p.66）を読んで、マイコンボードの開発環境を設
定しておこう！

準備ができたらこのプログラムをコピーして、Arduino IDE に貼り付けてね。

タクトスイッチ付きサンバイザー ／ tactswitch

```
#include <Adafruit_NeoPixel.h> //NeoPixel LEDを光らせるためのライブラリ
#define PIN 13 //LEDのDINを接続したArduinoのピン
#define NUM_LEDS 14 //LEDの数
#define BUTTON_PIN 2 //スイッチを接続したArduinoのピン

//NeoPixelライブラリの初期化
Adafruit_NeoPixel strip = Adafruit_NeoPixel(NUM_LEDS, PIN, NEO_GRB + NEO_KHZ800);
int buttonPushCounter = 0; //スイッチを押した回数を数えるカウンター
int buttonState = 1;        //スイッチの状態
int lastButtonState = 1;    //一つ前のスイッチの状態

void setup(){  //Arduino初期設定：電源ON時・リセット時に実行される
  strip.begin();
  strip.show(); //LEDを「オフ」に設定
  pinMode(BUTTON_PIN, INPUT_PULLUP); //スイッチを接続したArduinoピンの初期設定
}

void loop(){ //実行したいプログラムを記述：繰返し実行される
  buttonState = digitalRead(BUTTON_PIN);
  if (buttonState != lastButtonState){
    if (buttonState == HIGH) buttonPushCounter++;
  }
  switch (buttonPushCounter){  //カウンターの値によって光り方と色を変える
    case 1: //紫
      Sparkle(0xa1, 0x00, 0xff, 0);
      break;
    case 2: //黄色
      Strobe(0xFF, 0xFF, 0x00, 10, 15, 100);
      break;
    case 3: //ピンク
      meteorRain(0xff, 0x00, 0xff, 10, 64, true, 15);
      break;
    case 4: //ライム
      RunningLights(0x00, 0xFF, 0xBF, 10);
      break;
    case 5: //虹色
      TwinkleRandom(20, 100, false);
      buttonPushCounter = 0; //カウンターをリセット
      break;
  }
  lastButtonState = buttonState;
  delay(10);
}

//1番目の光り方
void Sparkle(byte red, byte green, byte blue, int SpeedDelay){
  int Pixel = random(NUM_LEDS);
  setPixel(Pixel, red, green, blue);
  strip.show();
  delay(SpeedDelay);
  setPixel(Pixel, 0, 0, 0);
}
//2番目の光り方
void Strobe(byte red, byte green, byte blue, int StrobeCount, int FlashDelay, int EndPause){
  for (int j = 0; j < StrobeCount; j++){
    setAll(red, green, blue);
    strip.show();
    delay(FlashDelay);
    setAll(0, 0, 0);
    strip.show();
    delay(FlashDelay);
  }
  delay(EndPause);
}
```

```
//3番目の光り方
void meteorRain(byte red, byte green, byte blue, byte meteorSize,
                byte meteorTrailDecay, boolean meteorRandomDecay, int SpeedDelay){
  setAll(0, 0, 0);
  for (int i = 0; i < NUM_LEDS + NUM_LEDS; i++){
    for (int j = 0; j < NUM_LEDS; j++){
      if ( (!meteorRandomDecay) || (random(10) > 5) ) fadeToBlack(j, meteorTrailDecay);
    }
    for (int j = 0; j < meteorSize; j++){
      if ( ( i - j < NUM_LEDS) && (i - j >= 0) ) setPixel(i - j, red, green, blue);
    }
    strip.show();
    delay(SpeedDelay);
  }
}
void fadeToBlack(int ledNo, byte fadeValue){
  uint32_t oldColor;
  uint8_t r, g, b;
  int value;

  oldColor = strip.getPixelColor(ledNo);
  r = (oldColor & 0x00ff0000UL) >> 16;
  g = (oldColor & 0x0000ff00UL) >> 8;
  b = (oldColor & 0x000000ffUL);

  r = (r <= 10) ? 0 : (int) r - (r * fadeValue / 256);
  g = (g <= 10) ? 0 : (int) g - (g * fadeValue / 256);
  b = (b <= 10) ? 0 : (int) b - (b * fadeValue / 256);

  strip.setPixelColor(ledNo, r, g, b);
}
//4番目の光り方
void RunningLights(byte red, byte green, byte blue, int WaveDelay){
  int Position = 0;
  for (int i = 0; i < NUM_LEDS * 2; i++){
    Position++;
    for (int i = 0; i < NUM_LEDS; i++){
      setPixel(i, ((sin(i + Position) * 127 + 128) / 255) * red,
                  ((sin(i + Position) * 127 + 128) / 255) * green,
                  ((sin(i + Position) * 127 + 128) / 255) * blue);
    }
    strip.show();
    delay(WaveDelay);
  }
}
//5番目の光り方
void TwinkleRandom(int Count, int SpeedDelay, boolean OnlyOne){
  setAll(0, 0, 0);
  for (int i = 0; i < Count; i++){
    setPixel(random(NUM_LEDS), random(0, 255), random(0, 255), random(0, 255));
    strip.show();
    delay(SpeedDelay);
    if (OnlyOne) setAll(0, 0, 0);
  }
  delay(SpeedDelay);
}
//共通関数
void setPixel(int Pixel, byte red, byte green, byte blue){
  strip.setPixelColor(Pixel, strip.Color(red, green, blue));
}
void setAll(byte red, byte green, byte blue){
  for (int i = 0; i < NUM_LEDS; i++){
    setPixel(i, red, green, blue);
  }
  strip.show();
}
```

7

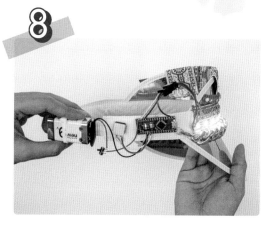

```
Arduino ファイ

sketch_jul26b §

#include <Adafruit_NeoF
#define PIN 13 //LEDのD
#define NUM_LEDS 14 //I
#define BUTTON_PIN 2 //
```

プログラムができたら、書き込みボタンをクリックしてマイコンボードに書き込む！ 書き込み設定や方法は「光るサンバイザー」（▷ p.69 の手順 **16**～**18**）と同じ！

8 ★ 仕上げ

マイコンボードとタクトスイッチは両面テープ、9V 電池は結束バンドで、サンバイザーに取り付ける！

9

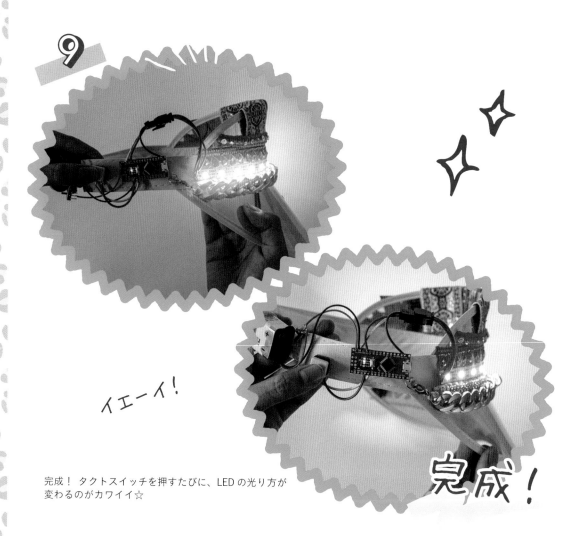

イエーイ！

完成！ タクトスイッチを押すたびに、LED の光り方が変わるのがカワイイ☆

完成！

102

つまみ回してロックン・ロール↑↑↑

光の色を調節できるつまみポーチ

つまみで LED の色を変えられる、ブリンブリンな鬼盛れつまみサコッシュポーチを作ってくよ♡

♡ 材料

テープLEDの長さは
使うポーチの幅に
合わせてね！

- ☆ Arduino Nano互換機 [1] ──── 1 個
- ☆ テープ LED[NeoPixel WS2812B] [4] ──────── 20cm × 2 本
- ☆ 可変抵抗 10kΩ [7] ──────── 3 個
- ☆ つまみキャップ [8] ──────── 3 個
- ☆ 9V 電池 [3] ──────── 1 個
- ☆ 電池スナップユニット（9V 電池 スナップ＋スライドスイッチ）[2] ──── p.95 で作成したのと同じもの

- ☆ 3 本線のコネクタ付き電線 [5] ──────── オス・メス各 10cm
- ☆ 配線用の電線（白・黄・赤）[6] ──── 各10cm × 3 本ずつ（計9本）
- ☆ 厚紙 [10] ──── 横 18cm × 縦 4cm
- ☆ サコッシュポーチ [9] ──────── 1 個
- ☆ デコパーツ ──────── 好きなだけ

厚紙はかわいくなるように、マ
ステを巻いたよ！ 大きさは、
実際に作るポーチのサイズに
合わせて決めてね！

1 2 3
4
5 9
6
7
8 10

楽器用つまみがかわいくてオススメ！
RGB（赤・緑・青）で光の色を調節するから、
つまみの色も合わせてみたよ！

♡ 工具

- ◇ 穴開けパンチ
- ◇ ニッパー
- ◇ ワイヤーストリッパー
- ◇ はんだ・はんだごて
- ◇ ハサミ
- ◇ PC

- ◇ microUSB ケーブル （使用するマイコンボード の端子に合ったケーブル）
- ◇ マスキングテープ
- ◇ 両面テープ
- ◇ 多用途接着剤

 配線図

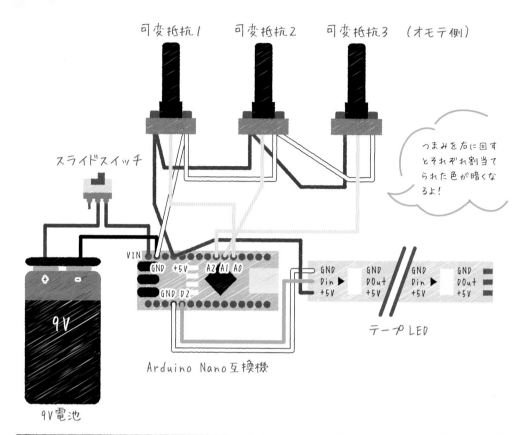

可変抵抗1　可変抵抗2　可変抵抗3　（オモテ側）

つまみを右に回すとそれぞれ割当てられた色が暗くなるよ！

スライドスイッチ

VIN
GND +5V　A2 A1 A0
GND D2

GND　GND　GND　GND
Din ▶　DOut　Din ▶　DOut
+5V　+5V　+5V　+5V

テープLED

Arduino Nano互換機

9V電池

Arduino Nano互換機		テープLED
+5V	⟷	+5V
D2	⟷	Din
GND	⟷	GND

Arduino Nano互換機		電池スナップユニット※
VIN	⟷	＋（赤線/スイッチ側）
GND	⟷	－（黒線）

※9V電池スナップにスライドスイッチを配線したユニットだよ！　電池スナップの赤線を真ん中あたりで切断して、スイッチを配線してる（▷ p.95 の手順 1 ～ 4）。

Arduino Nano互換機		可変抵抗1		可変抵抗2		可変抵抗3
+5V	⟷	左ピン	⟷	左ピン	⟷	左ピン
GND	⟷	右ピン	⟷	右ピン	⟷	右ピン
A0	⟷	中央ピン				
A1	⟷			中央ピン		
A2	⟷					中央ピン

※配線する側（ウラ）から見ると、右から可変抵抗1、2、3！　可変抵抗1で赤色、2で緑色、3で青色を調節できるように作ってくよ！

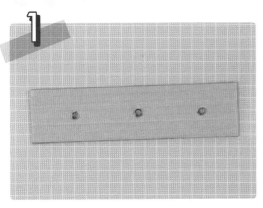

まずは、可変抵抗を厚紙に取り付けるために、厚紙に
穴開けパンチなどで穴を開ける！

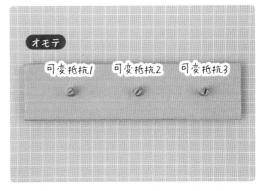

オモテ

可変抵抗1　可変抵抗2　可変抵抗3

可変抵抗の端子を下にして、厚紙のウラから差し込む
よ。

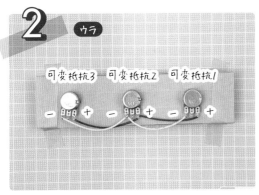

ウラ

可変抵抗3　可変抵抗2　可変抵抗1

可変抵抗1と2の＋どうし、－どうしを配線してくよ！
同じように、可変抵抗2と3の＋どうし、－どうしも
配線する。電線の色は、赤→＋、白→－でそろえてる！

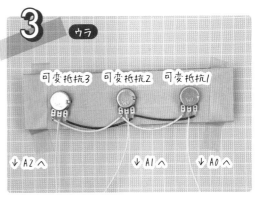

ウラ

可変抵抗3　可変抵抗2　可変抵抗1

↓A2へ　　↓A1へ　　↓A0へ

各可変抵抗の出力ピン（真ん中の足）にマイコンボー
ドにつなぐための電線（黄色の電線）を配線する。

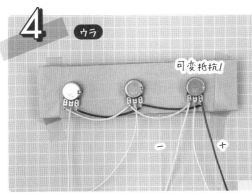

ウラ

可変抵抗1

可変抵抗1の＋/－に、マイコンボードにつなぐため
の電線を配線する。
電線の色は、赤（＋）→＋5V、白（－）→ GND！

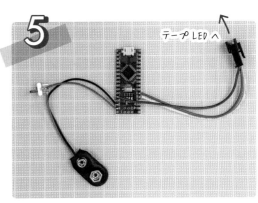

テープLEDへ

次に、マイコンボードに電池スナップユニットと、テー
プLEDにつながるコネクタ付き電線（オス）を配線する。
電線の色は、
● 電池スナップユニット：
　　　　　　　赤（＋）→ VIN、黒（－）→ GND
● テープLED：赤→＋5V、緑→D2、白→ GND

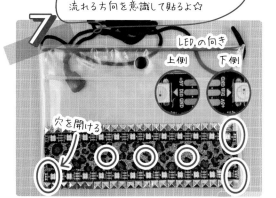

Point
テープLEDの向きに注意！電気が流れる方向を意識して貼るよ☆

6 ウラ

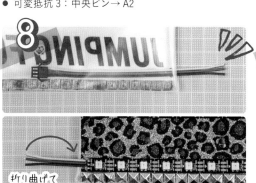

可変抵抗3　可変抵抗2　可変抵抗1

マイコンボードに**4**の可変抵抗ユニットを配線して、厚紙に両面テープでマイコンボードを貼り付ける！
- 可変抵抗1：右ピン（＋）→＋5V、
　左ピン（ー）→ GND、中央ピン（出力）→ A0
- 可変抵抗2：中央ピン→ A1
- 可変抵抗3：中央ピン→ A2

7 LEDの向き　上側　下側

穴を開ける

今度は、テープLED周りの配線！ 先に、デコパーツとテープLEDを多用途接着剤でポーチに貼り付けたら、写真の丸で囲んだところに電線や可変抵抗を通す穴を開けるよ。可変抵抗の穴は、厚紙と同じ位置になるように調整してね！

8

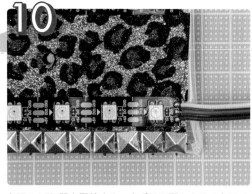

折り曲げてはんだ付け！

ポーチの正面から見て左下の穴に、メスのコネクタ付き電線を通す。

9

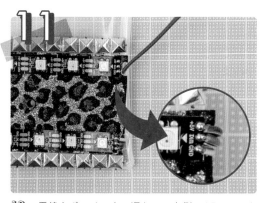

テープLEDとコネクタ付き電線をはんだ付けする。電線の色は、赤→＋5V、緑→ Din、白→ GND に配線するよ！

10

上下のLED間を配線する。まずは正面から見て右下の部分に電線をはんだ付けしてくよ！
電線の色は、赤→＋5V、緑→ DO（DOut）、白→ GND に配線する！

11

10の電線をポーチの穴に通して、上側のLEDにはんだ付けしてく。電線の色は、赤→＋5V、緑→ Din、白→ GND に配線する！
ポーチの表側から配線がほとんど見えなくなるよ！☆

12

可変抵抗１→赤色、可変抵抗２→緑色、可変抵抗３→
青色を変えられるようにプログラミングしよう！
まずは準備として、「光るサンバイザー」の手順❻〜
❸（▷ p.66）を読んで、マイコンボードの開発環境
を作っておく！

13

準備ができたら、マイコンボードとPCをつないで、
プログラムを書いていこう！
下のプログラムをコピーして、Arduino IDEに貼り付け
てね。

つまみポーチ／ knobporch

```
#include <Adafruit_NeoPixel.h> //NeoPixel LEDを光らせるためのライブラリ
#define PIN 2 //LEDのDINを接続したArduinoのピン
#define NUM_LEDS 24 //LEDの数
const int redPotPin = A0; //可変抵抗1を接続したArduinoのピン：赤色を制御
const int greenPotPin = A1; //可変抵抗2を接続したArduinoのピン：緑色を制御
const int bluePotPin = A2;  //可変抵抗3を接続したArduinoのピン：青色を制御
int redValue = 0; //赤のRGB値
int greenValue = 0; //緑のRGB値
int blueValue = 0; //青のRGB値
int redPotValue = 0; //可変抵抗1（赤）の値を保持
int greenPotValue = 0; //可変抵抗2（緑）の値を保持
int bluePotValue = 0; //可変抵抗3（青）の値を保持

//NeoPixelライブラリの初期化
Adafruit_NeoPixel pixels = Adafruit_NeoPixel(NUM_LEDS, PIN, NEO_GRB + NEO_KHZ800);
void setup(){ //Arduino初期設定：電源ON時・リセット時に実行される
  Serial.begin(9600); //シリアル通信を9600bpsで初期化
  pinMode(PIN, OUTPUT); //LEDのDINを接続したArduinoピンの初期設定
}

void loop(){ //実行したいプログラムを記述：繰返し実行される
  //色読み取り
  redPotValue = analogRead(redPotPin);  //可変抵抗1（赤）の値を読み取る
  delay(5); //A/D変換して待つ
  greenPotValue = analogRead(greenPotPin);  //可変抵抗2（緑）の値を読み取る
  delay(5); //A/D変換して待つ
  bluePotValue = analogRead(bluePotPin);  //可変抵抗3（青）の値を読み取る

  //読み取った値をLEDに書き込めるようにRGB値に変換
  redValue = map(redPotValue, 0, 1023, 0, 255);
  greenValue = map(greenPotValue, 0, 1023, 0, 255);
  blueValue = map(bluePotValue, 0, 1023, 0, 255);

  for (int i = 0; i < NUM_LEDS; i++){  //LEDに書き込む
    pixels.setPixelColor(i, pixels.Color(redValue, greenValue, blueValue));
    pixels.show();
    delay(50);
  }
}
```

14

```
sketch_jul26c §
#include <Adafruit_NeoP
#define PIN 2 //LEDのDI
#define NUM_LEDS 24 //L
const int redPotPin = /
const int greenPotPin :
```

書き込みの細かい設定は、「光るサンバイザー」（▷ p.69 の手順**16**～**18**）を見てね！書き込みボタンをクリックしてプログラムをマイコンボードに書き込んだら完了☆

⭐ **仕上げ**

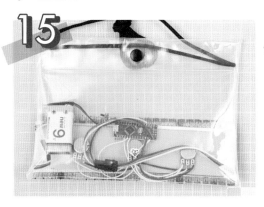

15

可変抵抗とマイコンボード、電池を接続したユニットをポーチの中に入れて、テープ LED・マイコンボード間のコネクタをはめ込む。

16

ポーチの内側から、可変抵抗のつまみの部分を穴に通すよ。

17

イエーイ！

完成！

ポーチの外側からつまみキャップを付ける！つまみの色は左から赤・緑・青で、調節できる色とそろえてみたよ！
やばい！超鬼盛れヤバたんなつまみポーチできた～♡♡♡

第 **5** 章

さらにテンションをアゲたい！
自分でできる
アレンジのヒント

作例どおりに真面目に作ってくのもい
いけど、そろそろオリジナルな光り物
アイテムも作りたくない？
そんな君のために、ギャル電スタイル
なアイデアの出し方を教えちゃうよ！

1 ギャル電流！ 電子工作の アレンジポイント

きょうこ

> ギャル電が今まで作ってきた作品を見ながら、テンアゲ↑な オリジナルの光り物電子工作を作るためのアレンジの方法を紹 介してくよ！

普段使いアイテムと電子工作を組み合わせる

「LED が光ると最強！」ってことは、自分のお気に入りのアイテムに LED をプラスしたら超最強 になるじゃん？　テープ LED を光らせる基本的なところができるようになったら、とりま何にでも 貼り付けてみよう。

光る大五郎

★ 光る大五郎

大五郎っていう 4L のお酒のボトルがあって、その底 面と取っ手の部分にテープ LED を貼り付けて光らせた アゲ↑なパーティーアイテム。友達のパーティーに差し 入れするために作ったやつ。

お酒以外でも、サイダーとかジュースとか透明な飲み 物だったら何でもきれいに光るよ。飲み終わっちゃって も新しいボトルに貼り付ければ使い回せる設計になって て、超かしこくない？

電気が通ってる部分は、水にぬれてショートしないよ うに防水加工の LED を使ってる。

光る大五郎、LED や電源をダクトテープで貼ってるってのもあって、光ってないと超不審物に見 える。電車とかにうっかり置き忘れちゃったりすると危険物に見える可能性あるから、置き忘れに は超注意！

底面と取っ手部分で LED が光るように電線の長 さを調整する

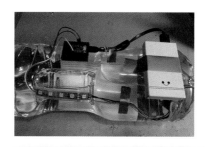

配線と電源は、正面から見えにくいところに貼り 付けちゃおう

ハーネスの部分も実はハンドメイド！

⭐ LED ハーネス

　コーデの上にベストみたいに羽織るだけで、電飾をプラスできるようにしたファッションアイテム。ハーネスの両肩部分に、テープ LED を光らせる基本のユニットを付けてるよ。

　山奥でやるレイブパーティーとかでも、これさえあれば勝手にパーティーの照明係もできちゃうくらい、めっちゃ強力に光るやつ！

　電力的に、モバイルバッテリー１つで対応できるテープ LED の長さや量には限界がある。電源の数を増やすとか、回路を変えてちゃんと作る方法もあるにはあるんだけど、「今すぐいっぱい光らせたい！」って場合は、単純にテープ LED のユニットを２つに増やせばいんじゃね？って話。

　テープ LED の裏に元々付いてる粘着テープだけだと接着力が弱くてはがれ落ちちゃうから、粘着面の上から多用途接着剤を塗って、がっちりハーネスに貼り付けてる。

　あと、身につけることを想定して電子工作アイテムを作るときには、電池やバッテリーを取り付ける場所やしまう場所を先に考えてから LED の配置を考えると、失敗しにくいよ！

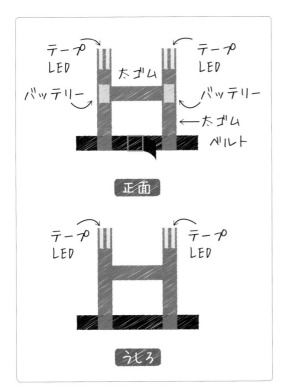

LED ハーネスの設計図

光の見え方を物理でアレンジする

LED の光り方を変えるのはプログラムだけじゃない!
工作や手芸で光を反射させたり拡散させたりすると、光り方が変わって、全然違う印象の作品になるよ。

★ 電飾特攻服

デコトラみたいな派手デコ LED ボックスをプラ板で作って、大きめのパーカーの前面に安全ピンで取り付けてる。背中側は、ポケットみたいになるように白いファーを縫い付けて、ファーとパーカーの間に LED テープをぐるぐる貼った塩ビ板(電気を通さないプラスチックの板)を入れて光らせてるよ!

電源はモバイルバッテリー。パーカー前面のポケットにモバイルバッテリーを入れて、背中のLED までぐるっと回して配線してる!

パーカーや T シャツみたいに伸び縮みする素材は、テープ LED を直接取り付けるとはがれやすい。繰り返し使いたい場合は、薄くて軽く曲げられるプラ板や、伸び縮みしない硬めの布の土台に LEDを貼るのがオススメ。付け外しもできるし、修理もしやすくなる!

洋服や身につけるものにテープ LED を取り付ける場合は、動いたときをイメージして、配線が引っ張られたり引っかかったりしにくいところに配線すると使いやすいし、壊れにくいよ。

電飾特攻服。パーカーを LED でテンアゲ↑デコ

背中側。LED の上にファーをかぶせることで、
光が拡散されてファー全体が光ってるみたいに見えるよ

⭐ デコトラキャップ、デコトラサンバイザー

サンバイザーやキャップにデコトラふうのパーツを貼り付けてかっこよくなるように盛ってる！ デコトラふうのパーツは、プラ板を大小の箱型に仕立てて、テープLEDと組み合わせて自作してるよ。手芸屋さんで売ってるメッキのデコパーツとかデコトラのプラモデルの銀メッキパーツを、プラ板の箱にプラスしてデコトラっぽさを出してる。

プラ板を箱型にするときに、インフィニティミラーっていう仕組みにするとめっちゃ盛れる！ 底になる部分にミラーシール、フタ（上面）になる部分にマジックミラーシール（窓用に売ってるやつ）を貼るだけなんだけど、箱の内側に取り付けたLEDの光が鏡で反射して、たくさんLEDがあるように見えるよ。

デコトラキャップ

デコトラサンバイザー

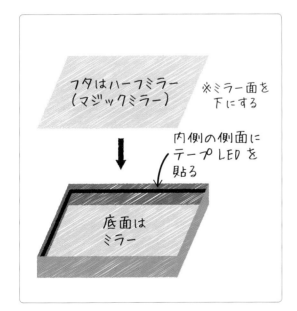

インフィニティミラーの仕組み

🍡 電飾看板ネックレス

　テープ LED とアクリル板 3 枚（色付きのもの 1 枚、光が透ける乳白のもの 2 枚）を使った、看板みたいなネックレス。

　自分の好きな言葉をなんとなくロゴっぽいデザインにして、アクリル板の間に LED テープを貼って光らせてる。スペーサーっていう部品で板と板の間にすきまを確保して、LED の光が看板みたいに全体に拡散するように作ってるよ！

電飾看板ネックレス

マイコンボードと 9V 電池を裏に貼り付けてる

テープ LED とスペーサー

　アクリル板は、レーザーカッターを借りてカットした。ファブスペース（メイカースペースともいう）に行くと、時間ごとの料金でレーザーカッターなどの工作機械が借りられる。地域や大学、ホームセンターなどで運営してたりして、安く使えるところもあるので、チェックしてみてね！

　シールやカッターを使って自分で切ることもできるけど、ロゴっぽい文字のデザインの部分を切り抜くのが超めんどいから、気合いとがんばりが必要。

市販のキット・部品をアレンジする

　砲弾型 LED を複数使うとか、音が出るおもちゃみたいなものを作りたいって場合、マイコンボードで作れないわけじゃないけど、イチから作ると結構めんどくさい。

　そういうときはキットを活用してみよう。入門用の単純でリーズナブルなキットでも、回路や電源をイチから考えなくていいし、アレンジすることで思ったよりも簡単に楽しいものが作れるよ！

デコトラバッジ。LED がヘッドライトっぽくてかっこいい!

❀ デコトラバッジ
(流れる LED キット)

　自分で電子部品を集めて作るオールドスクールな電子工作で、流れるように点滅しながら光る LED をイチから作るのは超難しい。

　そこで、電子回路の入門やはんだ付けの練習用の流れる LED キットをアレンジしてデコトラバッジを作ってみた。入門用の小さいキットはそれほど高くないし、特に aitendo や AliExpress だと安く買えるものが多くてオススメ(数百円〜千円くらい)!

　キットの基板は LED を取り付けるところが決まってるから「自由に作れないじゃん」って思うかもしれない。でも、基板に書いてある LED の+/−の配線パターンをよく確認して、基板の穴から電線をそれぞれ延長して好きな位置で LED の+と−につなげれば、思いどおり LED の位置を変えられるよ。

基板の各+/−の取り付け位置から、
プラ板まで電線を伸ばして配線してるよ!

完成したデコトラバッジの裏面

　キットを選ぶときは、販売サイトの商品ページに載ってる配線図を見て、自分で作れそうかどうかよく考えて選ぼう。あと、動作電圧のチェックも大事。動作電圧が「3V〜」って書いてあるやつはコイン電池でも動くような、小さくて持ち歩きやすいおもちゃサイズ。回路も難しくないから、作りやすくてオススメだよ。

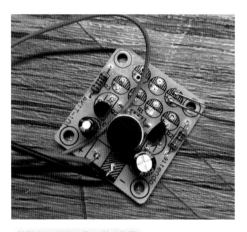

サウンドフラッシュ寿司ネックレス

★ サウンドフラッシュ寿司ネックレス（サウンドフラッシュ LED キット）

　音に反応して砲弾型 LED が光るキット（サウンドフラッシュ LED キット）も、電子工作の入門キットによくあるタイプの一つ。このキットを実物大のお寿司フィギュアが 3 貫乗るサイズの大きめなネックレスに改造してみたのが、サウンドフラッシュ寿司ネックレス！

　キットの基板のプリントをよく見てみると、7 個の LED を取り付ける回路の＋／－の配線パターンがそれぞれ一直線になってたから、改造して LED の位置を変更してみた。

　方法は、まず、キットの基板上の「＋」の穴どうし、「－」の穴どうしをそれぞれはんだ付けでつなげる。今度は、プラ板とかに直列で一列に砲弾型 LED どうしをつなげる。そして、基板上でつないだ「＋」の片端と、一列につないだ砲弾型 LED の「＋」の片端を配線する。「－」側も同じようにする。

　このキットはマイクで拾った音の大きさに LED が反応するようになってるから、マイクのじゃまにならない位置で配線するのがポイント。

基板上の LED の取り付け位置

一列につないだ LED と、
一つにつないだ基板の穴とを配線してる

マイクの穴はふさがない！

❀ カセットテープブッダマシーン（サウンド IC チップ）

　ブッダマシーン（念仏が流れる機械）の曲が入ったサウンド IC チップとスピーカー、コイン電池、スイッチを取り付けて作ったユニットに、光るカセットテープを合体させたオリジナルブッダマシーン。サウンド IC チップの中に念仏ソングが 8 曲入ってるので、スイッチで切り替えられるようにした。

　LED キットと違って、サウンド IC チップは、キットじゃなくて部品。販売サイトから回路図やデータシートをチェックして、他に必要な部品（コンデンサとかスピーカーとか電池とかスイッチとか）を自分でそろえなきゃいけない。

　音が鳴るおもちゃや電子オルゴール、チャイムにもよく使われてる部品なので、「サウンド IC」「メロディ IC」などで検索すると、いろいろな種類の音楽や音が入ったものが見つかるよ！　最初は回路図とか見てもさっぱりわからなくてビビるけど、必要な部品はわりと一般的なものが多いから、電子部品のことがなんとなくわかってきたら、チャレンジしてみて。

光るカセットテープにブッダマシーンを合体

音が流れるようにサウンド IC チップを組み立てたところ

2 アレンジアイデアの集め方

イケてる作例をディグりまくる

　作りたいものがまだ決まってない場合は、イケてる DIY サイトで他の人の作品を見てみよう。まずは、自分が「かっこいい！」とか「面白そう！」って思った作品をそのまま真似して作ってみる。

　何回か真似して作ってみると、「ここがもうちょっとこういう風だったら、もっと最高なのに」って気持ちが出てくる。具体的には、既存の作例にスイッチを追加してみたり、光り方のプログラムを変更してみたり。そういうことを繰り返して、少しずつ自分の好みでカスタマイズしたものを作ってくと、電子部品とか、呪文みたいにコピペしてたプログラムの意味が少しずつわかるようになる。

　作例サイトの材料が手に入らなかったり、作例では出てこないエラーが出たりして、うまくいかないことも結構あるけど、自分で作ったものが電気の力で動くと超楽しいから、とりまガンガン作ってみるのがオススメ！

★ イケてる作例サイト

　ギャル電が電子工作するときによくチェックするサイトを紹介するよ！

　英語のサイトが多いけど、動画や画像が多いから、あんまり英語が得意じゃなくても大丈夫。作り方で使われてる英語もそんなに難しくないから、翻訳ツールを使えばだいたい意味はわかるよ。材料の部品を調べるときは、型番で検索すると、国内で買えるサイトでも探しやすい！

● Adafruit Learning System ［https://learn.adafruit.com］
　NY にあるイケてる電子部品メーカー Adafruit のサイト。Adafruit の製品は、かわいいウェアラブル用の Arduino 互換機やキットがたくさんあって、使い方やライブラリの説明のページ、作例ブログも充実してるよ。

　Adafruit を創業した Ladyada（レディエイダ）さんが超かっこよくて、マジリスペクトしてる。

● Instructables - Circuits ［https://www.instructables.com/circuits/］
　電子工作だけじゃなくて、料理・手芸・木工とかを幅広くカバーする DIY コミュニティサイト。投稿してる人が多くて、初心者からマスターまで幅広い作例があるから、自分のレベルに合った投稿を探してみるといいよ。

　いろいろなテーマでコンテストをやってるから、慣れてきたら自分の作例を投稿してコンテストに参加してみるのも楽しいかも。

● Hackster.io ［https://www.hackster.io］
　Hackaday ［https://hackaday.com/］
　ハッカー精神のある電子工作が学べるコミュニティサイト。マニアックに機能を使いこなすとこんなものまで作れるんだ、すげーって投稿がいっぱいある。

　暗い部屋で、黒い画面に緑色の文字打ってそうなハッカーに憧れがある人は、めっちゃハマると思うから要チェキ。

❶ 「型番」とやりたいことで検索する

電子工作で検索をするときには、あいまいな言葉で検索するよりも、使ってるマイコンボードやPCのOS、使いたいセンサーなどの部品の名前を具体的にして検索したほうが欲しい情報が見つかりやすいよ。

例えば、「arduino インストール」よりも「arduino nano 互換機 インストール windows10」、「arduino 距離センサー 使い方」よりも「arduino uno 超音波距離センサー hc-sr04 使い方」のほうが、自分が欲しい情報にたどり着きやすい。

❷ 「型番」とできないことで検索する

本やインターネットで見つけた電子工作の作例どおりに作ってみても、うまくいかないこともある。例えば、使ってるPCのOSやArduino IDEのバージョン、ライブラリやマイコンボードのドライバーのバージョンが作例の環境と違ってると、コピペで作っても同じようには動かない。

そういうときには、❶の検索のときと同じように、困ってることをなるべく詳しく検索ワードに入れてみる！ 同じような内容で困ってた人が解決方法をシェアしてくれてることも多いよ。

例えば「arduino nano 互換機 macOS catalina ポートが出てこない」「arduino uno WS2812B 1個しか光らない 止まる」「arduino 超音波距離センサー 距離 変わらない」みたいな感じ。インストールやプログラムの書き込みの問題ならPCのOSが影響するから、OSやバージョンも含めて検索！ 部品がうまく動かないときは、マイコンボードや部品の問題だから、マイコンボードや部品名で検索する。

❸ 検索するための言葉を検索する

具体的に検索するって言われても、電子工作を始めたばかりだと、何て検索していいのかすらわからないってことも超ある。

そういうときは、あいまいな言葉でもいいから検索してみて、検索結果から関係がありそうな記事を片っ端から読んでみる。それっぽいものがあれば、記事の中にあるワードを拾ってまた検索する、って感じで、言葉や知識の精度を少しずつ上げてくと検索スキルも上がってくよ。

例えば「電子工作 LED つなぐ線」で検索すると、LEDを使った作例やLED関連商品がヒットするので、その中から「LEDをつなぐ線」をチェック。「スズメッキ線」「3ピンコネクタケーブル」「ジャンパーワイヤー」「ケーブル」って感じで、いろいろ種類と名前があることがわかる。新しくわかったワードでもう一回検索すると、自分が欲しかった情報にどんどん近づいてくってわけ。

商品や作例には写真が載ってることが多いから、検索結果を画像表示に切り替えて、自分のイメージに近い写真を選んで名前を調べるって方法もある。

❹ エラーメッセージで検索する

コピペしたプログラムでも、一回ではコンパイルがうまくいかないことがある。エラーメッセージは英語だし、赤い文字出てきて「こわい」「もう無理」ってなるけど、エラーメッセージをコピーして検索してみると、だいたいはインターネットの先輩たちが解決方法をシェアしてくれてる。

検索しても何も見つからないときは、エラーメッセージをよく読んで、自分のファイル名とかプログラム名とかが入ってる部分があれば、その部分を消してもう一回検索してみてね。

❺ 検索する場所はひとつじゃない

検索といえば、つい Google を使いがちだけど、Twitter、Instagram、YouTube で検索すると、同じ検索ワードでも違う結果になる。例えば、OS のバージョンや、Arduino IDE のバージョンアップ、新しく発売されたボードの情報、あんまり作例が出てこないちょっとマニアックな部品の情報は、リアルタイムに強くてエンジニアがいっぱいいる Twitter のほうが見つかりやすい。

かっこいい見た目の作例を探すときは断然 Instagram のハッシュタグ検索が強い。作るものが決まってなくて、アイデアの参考にしたい場合は、Instagram 検索で意外なアイデアが見つかるかも！？

はんだ付けや工作のテクニックは、やっぱり動画で見るのがいちばん早い。ってわけで、文章だけだとわからないハウツーを探すときは YouTube で検索するのがオススメ。関連動画をたどったりすると「探してたものではないけど、めっちゃ知りたかった！」って情報が見つかることもよくある。

❻ 英語で検索する

Arduino とかマイコンボードは世界中で使われてるから、日本語よりも英語で検索したほうが、作例ブログや技術情報など検索結果は超増える。

英語がわからなくても全然オッケー。まず、翻訳ツールを使って、検索したい言葉を英語にする。例えば、こんな感じ。

「arduino led サンプル」	→	「arduino led sample」
「WS2812B 可変抵抗」	→	「WS2812B potentiometer」
「arduino コード 作例 led」	→	「arduino sample projects with code led」
「流れる LED arduino」	→	「knight rider led arduino」

検索結果も翻訳ツール使えば雰囲気でわかることが多いから、英語でもガンガン検索してこ！

❼ 検索結果の日付に注意

テクノロジーは日々進化してる。それは Arduino や電子工作も同じ。

最初に発売された時点では設定が難しかった Arduino が、Arduino IDE のアップデートで特に設定しなくても使えるようになってたり、それまで自分で複雑なプログラムを書かないと使えなかったセンサーが、神みたいな先輩ユーザが自作ライブラリをシェアしてくれて、初心者でもチャレンジできる新しい作り方にアップデートされてたりする。

だから、もし検索結果で出てきた記事が何年か前のものなら、他に新しい日付の記事がないか、同時にチェックしてみるといいよ。

まとまった情報は本でチェックする

　作例とか部品の使い方とか、ピンポイントの情報はインターネットでも手に入るけど、基本的な知識を順序立てて身につけたいとかの場合は、電子工作やArduinoの入門書でまとまった情報を読むと話が早い。インターネットも便利だけど本もまだまだ便利。

　というわけで、いくつかオススメの本を紹介するね！

✦『Arduinoをはじめよう（第3版）』

Massimo Banzi, Michael Shiloh［共著］、船田巧［訳］、オライリー・ジャパン、2015年

　Arduinoの基本が一冊にまとまってる本。最初から最後まで全部ちゃんと勉強しながら覚えるっつーのももちろんOK。うちらはインターネットで検索した作例をベースに作りながら、そこに説明されてない基本的なコードの書き方とか、ライブラリの使い方でわからないことがあるときに逆引きで使ってるよ。

✦ トランジスタ技術SPECIAL for フレッシャーズ No.100 『徹底図解　道具からこだわるプロの試作技法 電子回路の工作テクニック』

トランジスタ技術SPECIAL編集部［編］、CQ出版社、2007年

　電子工作の工具の使い方や、いろいろなはんだ付けの方法、はんだ付けを間違えたときの処理方法、ユニバーサル基板の使い方みたいな、電子工作を始めたばかりの人が知りたいと思うような電子工作のテクニックが載ってる。読み終えると、電子部品屋さんで売ってるものがちょっとわかるようになって楽しいよ！

✦『ティンカリングをはじめよう──アート、サイエンス、テクノロジーの交差点で作って遊ぶ』

Karen Wilkinson, Mike Petrich［共著］、金井哲夫［訳］、オライリー・ジャパン、2015年

　具体的な作り方は載ってないけど、電子工作に限らずさまざまなDIYを組み合わせて独自のものを作る人や、その作品がたくさん紹介されてる本。

　自分では思いつかないようないろいろなジャンルの組み合わせがあって、作るの楽しそう！って思える。ワクワクするアイデアや考え方を知りたいときにオススメ。

✦『サイバーパンクハンドブック 日本版』

St. Jude, R. U. Sirius, Bart Nagel［共著］、師岡亮子ほか［訳］、志賀隆生［日本版監修］、ビー・エヌ・エヌ、1997年

　電子工作と直接は関係ないけど、テクノロジーをパンクにDIYするときに一回読んどいたほうがいい本。

　20年以上前の本だから、載ってるテクノロジーの情報は古くなってるし、ちょっと言い回しがダサく感じる部分はあるけど、ハッカー精神入門書としてはバッチリ使える。残念ながら絶版になってしまって中古はプレミア価格だけど、気になったら図書館とかで探してみてね。

付録1 ギャル電用語集

　ギャル的によく使う言葉とか、電子工作で使う言葉を紹介するよ。意味はざっくり、ギャル電がこんな意味で使ってるって感じで参考にしてね。

★ 英字・記号

○○み	語尾にみを付けるとかわいくなる。　例：よさみ、つらみ、やばみ
○○まる	語尾に使う。　例：おけまる、大好きまる、ラブまる
EAGLE派（いーぐるは）	基板を設計するときに「EAGLE」というソフトを使う人。
EVP（いーぶいぴー）	電子音声現象、心霊テクノロジー。「Electronic Voice Phenomenon」の略
HelloWorld（はろーわーるど）	画面に「HelloWorld」を表示するプログラム。初心者が行うチュートリアル。
IoT（あいおーてぃー）	インターネットオブシングス（Internet of Things）の略。モノがインターネットにつながり相互に作用すること。
Kicad派（ききゃどは）	基板を設計するときに「Kicad」というソフトを使う人。
Lチカ（えるちか）	LEDを光らせること。初心者向けチュートリアル。
SDGs（えすでぃーじーず）	持続可能な開発目標
STEM（すてむ）	「サイエンス、テクノロジー、エンジニアリング、マスマティクス」の頭文字を取ったもの。STEM教育。
wack、ワック	ダサい

★ あ行

アティチュード	態度、姿勢、心構え
アピる	アピールする
ありよりのあり	「かなりあり！」という意味。
いぇあ	yeah
インターネットは神	インターネットでものすごい役立つ情報を得て神を感じたときに使う。
うぇい	パリピのこと。　例：妹超うぇいじゃん
エクスペリエンス	体験
エモい	エモーショナル
オーバーキル	やりすぎ
オタクに優しいギャル	都市伝説
おまじない	プログラムで意味わかんないけどとりあえずコピペする部分。

★ か行

俄然パリピ	急にパリピの機運が高まるさま。
カニって赤くてかわいくね？	漫画『姫ギャルパラダイス』の名言。
ガバ	BPMが超速いダンスミュージック。
感電上等	感電を恐れずやっていくとりまやっていくバイブスのこと。「ギャルの作った電子工作感電しそう」というクソリプから生まれた。
北島三郎記念館	函館にある記念館。ロボ北島三郎がいる。
技適警察	技適マークの付いてない無線機器を厳しくチェックする人たち。公的機関ではない。
技適マーク	「無線通信機器を日本国内で使用するために必要な認証を受けてるよ」という意味のマーク。
基板警察	「基板」を「基盤」と書くと現れる人たち。公的機関ではない。
クラバー	クラブによく行く人のこと。今は死語に近いがパリピって呼ばれると機嫌が悪くなることが多い。
激おこぷんぷん丸	すごく怒っているさま。
ゲロ○○	超よりハードコアよりにすごい○○
公序良俗	社会の道徳的なライン。
コピペ上等！	とりあえず、かしこい人が作ったプログラムをコピペして動くもの作ってみたらいいじゃんっていうマインド。コピペをするときは、GitHubにありがとうって言いながらCtrl+Cしてる。
墾田永年パリピざわ	自分が開墾した土地フォーエバー自分のものとかテンアゲ↑じゃんてこと。
コンプラ	法令とか倫理とか遵守しようねってやつ。ラップとかだと転じて違反してるものを指す。

さ行

最適化	ちょうどよくすること。
サグい	ギャング風のワルっぽい雰囲気。
実家が太い	実家がお金持ち
シンギュラリティ	技術的特異点
シングス	インターネットにつながらない電子工作（IoT からインターネットオブを除いたもの）。
ストロングゼロ	酎ハイの名前
それな	同意を表す。ラインの返信で使いすぎると怒られる。

た行・な行

大五郎	焼酎の名前
タピオカが流行ると不況になる	都市伝説
チルい	まったりくつろぐことや、その雰囲気。
ディグ	探す
デファクトスタンダード	競争の結果、事実上の標準になったもの。
電工二種	家のコンセントとかいじれるから IoT 電子工作する人に人気の資格。
ドープ	最高の、カッコイイ、奥深い
トラ技	トランジスタ技術（電子工作雑誌）
とりまやばたん	「とりあえずやばい」こと。
脳の治安が悪い	頭が働かない、不穏なことを考えているさま。

は行

バイブス	ノリ、気合い、フィーリング
パンサーモダンズ	ウィリアムギブソンのニューロマンサーに出てくる未来の不良チーム。
パンチライン	キメゼリフ
パンプキン・ガールズ	打海文三の応化戦争記シリーズに出てくる女の子のギャング。
ビジネスうぇい	業務的にパリピのふりをすること。
秒で	一瞬で
ポテンシャル	潜在能力

ま行・や行

マイメン	マイメンバー
マインドセット	心がまえ
マジやばたにえん	「すごくやばい」の意。
卍（まんじ）	調子に乗っているときや、仲間との絆を表すときに使う。特に意味はないこともある。
ヤンキーパープル	昭和の不良が好きそうな紫色。
ユビキタス	コンピュータとかネットワークが偏在するさま。

ら行・わ行

ライフハック	生活の知恵
乱数ガチ勢	真の乱数についてガチ目に追及してる人やグループ。
ルーソ	ルーズソックスの略。
レイバー	レイブパーテイによく参加する人のこと。パリピとは微妙にニュアンスが違う。
レペゼン	代表
ワンチャン	勝敗を賭けた一回のチャンス。

付録2 データシートの読み方

データシートとは、電子部品の使い方や特徴が書いてある説明書のこと！

データシートは、電子部品を買うときの商品ページの説明欄に PDF とかで載ってることが多い！店舗で買った場合でも、部品の型式番号（型番）を「［型番］データシート」などで検索すると見られるよ。

ぱっと見は難しい数字やよくわからない記号ばかりでガン萎え〜って感じだけど、実はデータシートの一部分の読み方さえわかれば全然大丈夫！☆

部品によってデータシートの構成や内容はまちまちだけど、ここでは普段うちらがデータシートを読むときに押さえてる最低限のポイントを紹介するね♡

ここでは、第3章のイルミネーション LED デコピアス（▷ p.48）とイルミネーション LED デコバッジ（▷ p.52）で使った、砲弾型のイルミネーション LED のデータシートを例に説明してくよ！

データシートは、型番や概要、寸法、絶対最大定格、特性、指向性なんかで構成されてるけど、ぶっちゃけこの中から3つだけ取り出して見れば大体なんとかなる！

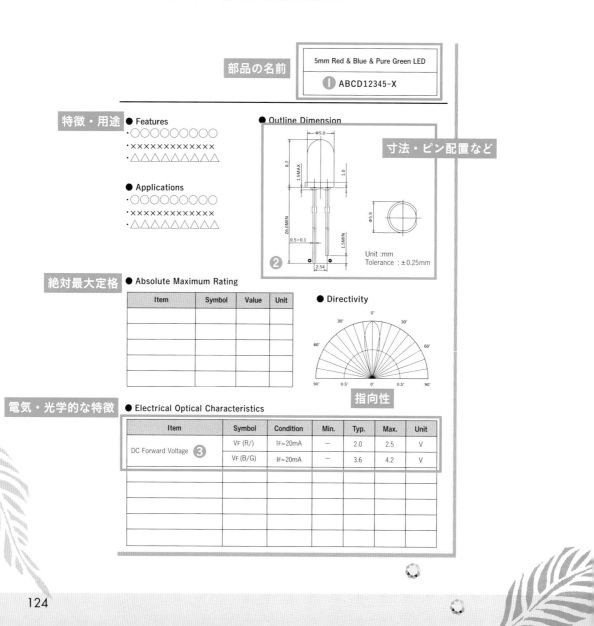

部品の名前

5mm Red & Blue & Pure Green LED

① ABCD12345-X

特徴・用途

● Features
・○○○○○○○○○○
・××××××××××
・△△△△△△△△△△

● Applications
・○○○○○○○○○○
・××××××××××
・△△△△△△△△△△

寸法・ピン配置など

● Outline Dimension

② Unit :mm　Tolerance : ±0.25mm

絶対最大定格

● Absolute Maximum Rating

Item	Symbol	Value	Unit

指向性

● Directivity

電気・光学的な特徴

● Electrical Optical Characteristics

Item	Symbol	Condition	Min.	Typ.	Max.	Unit
DC Forward Voltage ③	VF (R/)	IF=20mA	—	2.0	2.5	V
	VF (B/G)	IF=20mA	—	3.6	4.2	V

❶ 部品の名前

　データシートのだいたい初めのほうにあるのが型番。アルファベットと数字の組み合わせでできてることが多い！　まずは型番を見て、自分が調べたい部品で合ってるかどうか確認すること！

　型番以外でも、簡単に部品の内容がわかるようになってるよ。左の例だと「5mm Red & Blue & Pure Green LED」とあるから、5mm 径の LED で赤・青・緑に光るということがだいたいわかる！

❷ 部品の足（ピン）の役割

　部品の足の役割は、寸法のところを見れば OK！　寸法図をよく見ると、長い足が＋、短い足が−と書いてある。これで、どの足がどんな役割で、他の部品や電源にどうつなげればいいかわかるね！この LED の場合、＋の足に電池の＋極を、−の足に電池の−極をつなげれば OK。

　センサーの場合は、ピン配置が載ってるよ。電源につなぐ Vcc ピンや GND ピン、データを送信する OUT ピンとかが書かれてたりする。

❸ 動作電圧

　電子部品といったら電源が必要だよね！　でも、どれくらいの大きさの電気が必要なんだろう？　ということで、部品がどれくらいの電源で動作するのかを教えてくれるのが動作電圧。

　動作電圧の表記の仕方はいくつかあって、ストレートに「動作電圧」だったり、左の例みたいに「DC Forward Voltage（VF）」だったりするよ。他にも「Working Voltage」「Supply Voltage」「Operating Voltage」などをよく見かける！　ちなみに、「DC Forward Voltage（VF）」を直訳すると「順方向電圧」で、LED 専用の用語と考えて OK だよ。

　一般的に動作電圧は 1 つの値だけ表記されるんだけど、データシート例の動作電圧を見ると「VF（R/）」「VF（B/G）」の 2 つがある。これはちょっと特殊なポイントで、1 つの砲弾型 LED で 3 色も光らせることができるから、色によって動作電圧が違うってこと！

　表の内容を説明すると、LED を本来の明るさで光らせるための条件（Condition）として、LED に流れる電流（IF）が 20mA の場合、必要な入力電圧の標準値（Typ.）と最大値（Max.）がそれぞれ書いてあるよ。

　VF（R/）、つまり赤色に光る電圧の範囲は、標準値 2.0V 〜最大値 2.5V。この範囲の電圧で電気が流れると、まず赤色が光るよ。VF（B/G）、つまり青色や緑色に光る電圧の範囲は、標準値 3.6V 〜最大値 4.2V。この範囲の電圧だと、青色と緑色にも順番に光るようになるという意味！

　まとめると、この LED を 20mA の電流で赤色・青色・緑色に光らせるためには、だいたい 3.6V 前後の電圧の電源をつなげばいいってこと！

　🌺 第 3 章では 3V で LED が光ってるけど、なんで？

　電流の大きさは電圧に比例するから、データシートに書いてある電流（IF）よりも小さい電流を流した場合は、必要な電圧も低くて済む。なので 3V でも LED は光るけど、本来の明るさよりも暗くなる。気になる人はオームの法則について調べてみてね☆

　🌺 LED の色と動作電圧の関係

　砲弾型 LED でもテープ LED でも、赤色に光るための動作電圧は他の色よりも低いよ！

　うちの実体験だと、クラブに光り物を身につけて遊びに行くと、夜はレインボーに光ってたのに、朝になるとほぼ赤色になってることがよくある。これは、電池の残量が少なくなって電圧が低くなると、赤色にしか光らなくなるからってことが、データシートを読むとわかるね☆

♥ おわりに

　最後まで読んでくれてありがとう。

　電子工作は覚えることいっぱいあって、最初は「ちょっとむずかしいかも……」って思うかもしれないけど、悩む前にとりま作ってみて！

　作ったらまわりの友達とか SNS でガンガン作ったもの見せびらかして、自分最高！ってテンション爆上げになってほしー！！

　ギャル電が盛れる電子工作を作るテクで今知ってることは、とりま全部この本に書いといた！！

　今読んでわからないとこも、やってるうちに超わかりみ！ってときが来るからあせらなくても全然オッケー☆

　最先端の難しいもの作るのも尊いけど、自分の力で LED を光らせることができる人類が一人増えたってことがマジで尊い。

　この本を読んでくれたみんなが、電子工作楽しいなって思ってくれたら最高＆ギャル電的には心のマイメンじゃんつー気持ちだから！！！

　ギャルに電子工作が流行ったらシンギュラリティは近い！！！！！

索引

〈著者略歴〉

ギャル電 （ぎゃるでん）

まおときょうこによる電子工作ユニット。
「今のギャルは電子工作する時代！」をスローガンに，ギャルによるギャルのためのテクノロジーを提案し，ギャルとパリピにモテるテクノロジーを生み出し続けている。夢はドンキで Arduino が買える未来がくること。

Twitter @GALDEN999
Instagram @galdenshikousaku

- 本書の内容に関する質問は，オーム社ホームページの「サポート」から，「お問合せ」の「書籍に関するお問合せ」をご参照いただくか，または書状にてオーム社編集局宛にお願いします．お受けできる質問は本書で紹介した内容に限らせていただきます．なお，電話での質問にはお答えできませんので，あらかじめご了承ください．
- 万一，落丁・乱丁の場合は，送料当社負担でお取替えいたします．当社販売課宛にお送りください．
- 本書の一部の複写複製を希望される場合は，本書扉裏を参照してください．

JCOPY ＜出版者著作権管理機構 委託出版物＞

ギャル電とつくる！
バイブステンアゲサイバーパンク光り物電子工作

2021 年 9 月 13 日　　第 1 版第 1 刷発行
2021 年 12 月 10 日　　第 1 版第 2 刷発行

著　　者　ギャル電
発行者　村上和夫
発行所　株式会社 オーム社
　　　　　郵便番号　101-8460
　　　　　東京都千代田区神田錦町 3-1
　　　　　電話　03(3233)0641(代表)
　　　　　URL　https://www.ohmsha.co.jp/

© ギャル電 2021

組版　デジカル　印刷・製本　三美印刷
ISBN978-4-274-22751-6　Printed in Japan

本書の感想募集 https://www.ohmsha.co.jp/kansou/
本書をお読みになった感想を上記サイトまでお寄せください．
お寄せいただいた方には，抽選でプレゼントを差し上げます．